未完的旅程

一隻台灣黑熊的人間啟示錄

蔡惠萍——著

目次

推薦序

慈悲生力量

李瑞騰
中央大學中文系教授兼人文藝術中心主任

蔡惠萍是一位資深的媒體記者，現為聯合報副總編輯。上網搜尋她在聯合新聞網的文章列表，在百多篇新聞報導中，今年（二〇二四）三月十五日有三篇：〈新聞眼／獵人無罪、黑熊野放…理解多元文化 還有長路〉、〈王光祿…若有罪 文化如何傳下一代〉、〈律師團堅持上訴 釐清原住民狩獵權〉，與多年前一隻黑熊之死有關，顯見對此議題的關注與熟悉。

大約同一段時間，她努力增訂去年（二〇二三）第十三屆全球華文文學星雲獎報導文學類首獎作品〈未竟之旅：一隻台灣黑熊的人間啟示錄〉。我在六月間讀到她將於聯經出版的專書的校對稿，原來的三萬字篇幅，已擴增到六萬多字。蔡惠萍多年的新聞關懷，面向寬闊、議題多元，她何以獨鍾於此？答案很簡單，因爲事情重要、問題迫切，而且對於台灣黑熊，她已有一定程度的了解，並且有了特殊的情感，爲了深化黑熊議題，且擴大影響，因此挑戰自己的寫作——從一般新聞報導轉向報導文學，而且是「大報導」：以一本專書的篇幅，以文學筆，來報導一隻台灣黑熊的「未竟之旅」。

文字乃至文學，本質上具有報導性。因之而發展成的報導文學，以「事」爲主，「時」、「地」、「物」都很重要，又必然有「人」在其中。進一步說，事必須是要務，有人們普遍關切的新聞性；要敘其事之來龍去脈，執筆者須親臨事發現場以觀察體會，須藉多人之口以圓其事，以證其眞。而要挖深織廣，相類事件有關之歷史文獻，必要時得參閱；專家之言，視情況須妥爲引述。

蔡惠萍筆下這隻台灣黑熊，稱「東卯山黑熊」，或以代號稱「七一一／五六八」，牠二度誤中陷阱，被救治、被野放，最後卻在牠北上奔走二十五天即將到家之前遇害身亡。

黑熊之死，當然是牠的生存環境本極其險惡，覓食不易，人熊因之而有了衝突；人們為了獵捕野生動物而設下的陷阱，足以讓牠身受重大傷害而殘，於是而有相關單位的救治及其後的野放等，這又涉及山林政策及面對瀕危動物的作為。

此篇報導主要有二個部份：一是東卯山黑熊一步一步走向死亡的過程，作者以第一人稱「我」敍寫她在牠身後親臨諸多山林現場，經由相關人等的採訪，追蹤事發經過，再現全景。二是黑熊死後的處置、政策的檢討及推動、獵人的究責及訴訟、相關人等的憶述及情緒反應，以及紀錄片的拍攝和作者這部報導文學的寫作等。

我一直認為，報導文學作為一種文類之可貴，乃在於它的人間性和理想性，是知識分子一種社會責任的實踐過程。其所構成，「報導」要有新聞眼，「文學」要有搦管操觚的能力，簡單說就是筆力，但更根本的是面對人事物的慈悲心。

蔡惠萍長期跑新聞，文字流暢練達，篇章承轉自然，在她寫這篇報導的時候，她已不在第一線採訪新聞，她在自序中說：「在我看來，這整個事件飽含了文學氛圍跟戲劇張力，而這不正是所有新聞報導及文學作品最吸引人的兩大要素？」她自發性追蹤探討，寫作的束縛盡去。我去年在全球華文文學星雲獎報導文學類評審時，讀她以冷筆寫熱心，便已深受感動，此即前述「慈悲心」。

星雲大師說，慈悲心是愛心、智能、願力、布施的集合，是萬物生生不息的泉源；慈悲生力量，更是一種行動的實踐。蔡惠萍之寫作如此，她筆下參與救治黑熊的衆人，爲牠設想，爲牠落淚，甚且爲了避免這樣的悲劇以後再發生，他們清楚認知唯和解能共生共榮，爲牠們奔走呼號，其所秉持者，正是古德所說：「萬物並育而不相害，道並行而不相悖。」（《禮記．中庸》）

如果說參賽時是第一次稿，擴增成書的第二次稿，資料更多，敍寫更加細膩動人，而「人間啟示」則更豐富深刻。我們看她下筆從熊與人相對關係開展，在官民之間、原漢之間，甚至文明與野性之間，試圖去尋找調解的空間，這是智慧心。慈悲加上智慧，事才有圓滿的可能。

推薦序

台灣黑熊故事的多稜鏡

劉克襄　作家

七一一、五六八、得樂（De le），都是同一隻熊的名字。三個名字代表著三個不同階段，不同時間、不同地點的生態保育故事。牠兩次誤觸陷阱，我們嘗試野放異地，然而牠卻在最後一次返鄉途中，意外被獵殺。悲劇性的厄運不只讓人錯愕、難過，還牽扯出複雜的山林問題。

作者多回抵達不同現場，跟不同關係人物，嘗試各個角度的深入訪談。部落傳統狩獵文化跟政府山林政策管理並陳，各種紛爭和歧見逐一列出，同時有磨合兩造困境的委婉陳述。諸如當事者，以林業保育署署長林華慶為主的官員如何看待，又怎樣以新的思維和政策，面對傳統狩獵文化，便有深入而周延的訪問。

此外，各個部落面對傳統文化消失的危機，年輕人失去價值信念，以及透過新狩獵制度文化的成立。這些都在黑熊之死的議題下逐一浮露，也隱約找到解決的機制。透過各個相異觀點的論述，以及不同生活文化的思維，整篇呈現多線鋪陳的豐富內涵。進而，揭示了諸多人與自然環境的扞格，日後如何永續互動的省思。

順此，本書還提及先前一部以此熊為主題的紀錄片，導演如何處理自己的觀點，長期照顧黑熊的工作人員怎樣面對動物，擁有專業知識一生奉獻的哺乳類學者又站在何角度、隱憂為何，以及動保團體扮演何種角色，主流社會在欠缺資訊透明或更為公開時，是否過於撻伐弱勢的部落等等，作者皆悉心著墨。

再者，從獵人王光祿偷獵動物讓老母食用，論及法律規範對部落文化的傷害，進而從各個狩獵問題，尋找提出解決途徑的可能。

近年來，我們有不少黑熊保育的新聞和發現紀錄，唯獨少了一個合宜的故事，藉此演繹出更好的動物保護機制。作者本身的想法隱隱若現，卻又能突顯每個相關人士的意見。若非長時關心此議題，絕不可能有這樣成熟豐沛的內涵。由此更可看出其用心，以及對此議題的熟稔，甚而是感情的長年付出。難得的是也未遽下定論，而是把未來的可能，交由社會評判。只是盡自己的工作職責和立場，透過長時的採訪委婉的呈現。

從報導體例的架構和完整，這篇以各個角度，全面看待此一事件始末，或許為現階段學習如何面對黑熊，展現了一個合宜的示範，因而容我斗膽推薦此書。

推薦序

失去你的五月六號

郭彥仁（郭熊）　黑熊保育工作者

二〇二二年五月六日，我站在武界附近的山稜上，思索爲何無線電的訊號會消失？

當時，完全沒想到牠已經遭遇不測，如今回想，一來一往，一切都是注定的巧合？過了這麼久，有時我還是會在心中自問：

如果……那對獵人祖孫沒在那天早上出現？

我是不是就能……

如果……牠多停留幾小時？

也許就不會發生？

如果……我提早下切山谷？

或許……

七一一、五六八，都是牠，是貫串這本書的東卯山黑熊的兩個頸圈編號代碼，由來是我們以無線電追蹤牠的過程中頻繁喊著喊著，遂變成牠的簡稱。蔡惠萍在本書《未完的旅程：一隻台灣黑熊的人間啟示錄》稱牠為台灣最知名的一頭黑熊。牠在人間遊走一回，讓人不停思考：地狹人稠的台灣島嶼，我們該如何與獸共生？

身邊的朋友總說：「從事保育工作，聽到壞消息是日常。」

無論是族群的棲息地破壞、消失，或個體的傷殘、死亡；或是因為偏見、誤解造成的人獸衝突，林林總總的挑戰是從事生態保育工作的日常生活，我們也只能鼓起勇氣，一次再一次地向前行。

泰雅族的朋友說：「獵殺黑熊是會一命換一命。」

「一命換一命」的泰雅古訓流傳在北部泰雅族部落。意指刻意獵捕黑熊，可能會遭逢身故之厄運。我猜想這猶如現世報的詛咒，其實是傳統智慧的叮嚀，用禁忌提醒族人避開大型猛獸，減少人獸衝突。

每當我拜訪部落，都可以感受到族人對熊的態度尊重、害怕且不願發生衝突。或許是出於對黑熊的尊重，從五六八第一次闖入雞舍開始，雪山坑部落的族人一直配合林保署的政策，並容忍牠沒日沒夜的滋擾，而當牠意外命損武界，見到族人遺憾的眼神，我相信五六八人間走一回，產生的漣漪已開始在每個人的心中發酵。

五六八死亡，但黑熊保育之路仍得向前。

爲了彌補遺憾，雪山坑的族人配合黑熊保育工作，部落轉型爲友善黑熊社區，辦理救傷演練、建構緊急誤捕通報系統，中間雖未再發生黑熊受困事件，但卻意外拯救了一隻受困陷阱的石虎。

「一命換一命。」確定石虎獲救之後，我這麼對一同協力救援的族人說。

五六八用牠的生命，庇蔭了棲息地內同樣瀕危的石虎。

台灣黑熊除了是保護傘物種（umbrella species）[1]，更是傳統文化重要的載體。台灣多數原住民族和熊有特殊關係，不只神話、共存的生活環境，也展現包容性、尊重與彼此對等的關係，進而成爲保護黑熊族群，進而是維持棲地的完整性與生物多樣性的關鍵。

過去的保育工作，看似充滿衝突與對立，實則是未能傾聽在地居民的聲音，而唯有依賴在地居民才能達到保育工作的目的。近幾年國際保育潮流更加重視自然完整性，當中就含括原住民的傳統文化做爲自然解方。

愈在地化，則愈迎向國際趨勢。

全球已經有不少研究發現原住民族的傳統智慧能維持健康的生態系，而健康的棲地能夠讓各種動物自然消長。

1 編注：保護傘物種，指具保育價值，且保育此物種可連帶保護許多其他物種與棲息地，此物種猶如衆多物種的保護傘。

國際自然保育聯盟（IUCN）在二〇二三年提出「人獸衝突與共存指引」，強調社會學科是處理科學問題的基礎。人獸衝突的面向從最單純的農作物損失、經濟損失進入到第二層的議題之後，牽扯到過往的案件歷史，例如：農損危害反覆出現，但無法妥善處理，導致通報者認爲政府失能或無顯著改善作爲。而最嚴重的第三層，則擴及社會價值觀的衝突與族群身分的議題。

如同泰雅族不願獵殺黑熊，多數的原住民族也不刻意獵捕台灣黑熊或石虎，然而，每當發生誤捕事件，社會的輿論、歧視或謾罵總是加深隔閡、破壞對話與合作的契機，進而讓保育工作陷入僵局。

此外，過去山區部落提到林務局（林業及自然保育署的舊稱）總能聽到調侃意味濃厚的稱呼，例如魔鬼、最大隻的山老鼠……等，不過近幾年情況逐漸有了轉變，現在林保署不只推行狩獵自主管理，也包含瀕危動物的誤捕通報機制。

無論如何，「修復關係」是重要的第一步。

當我再次回到雪山坑部落，溝通與傾聽便是我的首要任務。

陳榮文是雪山坑部落的耆老與副頭目。

印象第一次和他上山前，他足足講了三十幾分鐘的部落遷移史，同時抱怨黑熊野放未徵詢部落的意見。

他手指向不遠的稜線。

「黑熊就放在那邊，下方就是農地、住家，如果是你，住在這邊，難道不會擔心遇到熊？」

話鋒一轉，他開始溫柔的介紹雪山坑部落遷移史，最後對我說：「想進來部落研究，一定要知道部落的故事。」

傾聽可以理解居民直接的想法，並從人的角度去思考，而非獸的角度，例如部落的狩獵型態、農損壓力、對熊的認知與態度、熊的文化價值……諸多因素都牽扯到在地居民的看法與態度，並決定保育工作的成敗與否。

台灣黑熊一直深受國人喜愛與注目，只要有熊出沒，總會受人關注。這幾年人們對黑熊的熱愛甚至演變成國族主義，而當眾人開始熱切關心台灣黑熊的生存威脅，每當出現受困陷阱事件，總會引起熱議，並對山村居民產生偏見與誤解。

對此，許多山村居民憤恨不平，半開玩笑說：「爲什麼平地人這麼浪費資源，卻要求原住民都得要保育山林？」

或當狩獵議題浮上檯面之後，身邊朋友更感慨的說：

「多數都市人的生活會面對多少野生動物？他們哪能理解農損？」

「如果他們生活，只是在超市買菜，那有什麼資格喊出要保育台灣黑熊？」

「爲什麼釣魚就可以？上山打獵就不行？不都從自然取得食物！」

種種各式疑惑，直搗現代社會的困境與偏見。

在人類世（Anthropocene）的今天，保育是一座天平，天平一端可能是「一隻黑熊都不能少」，另一端則可能是「黑熊滅絕」，而平衡點應該就是「共生共榮有熊國」。我們踩在翹翹板上的人，核心要很好，常常提醒自己要傾聽，但不武斷，畢竟若把事情做太死，當損益比來到負支出，有誰會想協助改善黑熊滋擾事件？若民眾嫌棄麻煩、直接私刑處理，試問何人會知道？

二〇二三年聯合國的《昆明宣言》強調原住民族的文化、知識與認同的重要性。IUCN熊類專家群組羅列人熊衝突處置的八項總則。第四、六、七項不約而同都提到在地性，例如第四項原則提到：「……可以使用當地工作團隊來發現衝突的原因，以及採取適當的行為來降低人熊衝突。」；第六項則說：「……重點應該聚焦於傾聽受影響的利害關係人之擔憂，更加理解其文化與社會的價值。」；第七項則再次提到：「可能有更深層的社會衝突、歷史事件或種族、文化上的分歧……導致一些人不願意合作。處理潛在的衝突來源，可能帶來有意義的人熊管理。」

這不禁讓人聯想到，人－熊（獸）衝突似乎不是單純想像中的野生動物經營管理議題，反而牽涉到社會學、人類學與跨物種間的學門。唯有人的支持，保育才有機會成功。台灣因為歷史糾結、族群關係而導致野生動物衝突議題出現裂隙的狀態，唯有透過傾聽、修復關係、對等資訊的交流才能共同努力。

自序

從五六八最後的眼睛，我所看見的「灰」

二〇二〇年十月一日，一隻在台中東卯山果園誤中俗稱「山豬吊」金屬套索的台灣黑熊，在農民的通報下，林業及自然保育署（以下簡稱林保署）台中分署展開救援，並送往生物多樣性研究所烏石坑研究中心救傷、照養，竟就此展開牠戲劇性的熊生。

這隻黑熊歷經滋擾果園、中陷阱、救傷照養、野放，沒想到，野放後，卻又多次滋擾工寮、果園，成爲台灣保育史上最頻繁造訪人類聚落的黑熊；就在台中分署展開驅離行動的同時，牠又中套索，再次被救傷照養。林保署考量周邊部落居民的意願，最後選擇了一處離人類聚落遠、離牠原棲地大雪山更遠的南投丹大異地野放。

第二次野放後，東卯山黑熊幾次進入電子圍籬警戒範圍，就在衆人認定牠又要靠近聚落尋找食物，並做好捕捉後終身圈養的準備時，牠又奇蹟式地避開人類居住範圍，穿越一座座大山與一片片森林，逐步往原棲地大雪山靠近，出現了以往從未記錄於台灣黑熊的返家行爲。

原本因牠而翻天覆地的保育單位人員，也從看待「麻煩製造者」的無奈心情，轉而爲牠的返家決心驚訝、感動。就在衆人期盼牠順利踏上返家的最後一哩路、準備要展開全民護送牠回家的行動時，牠又再次受困套索。但這回，五六八卻再也等不到救援，在原住民獵人三聲槍響後，東卯山黑熊的返家之路戛然而止。

戲劇中，通常主角一旦死亡，也象徵故事進入尾聲。然而，東卯山黑熊（編號七一一／五六八）篇章卻非如此，牠的死，讓故事開展了全新的軸線。

不過，一開始七一一／五六八並未特別引起我的注意，因爲這幾年頻繁出現原本應該在中高海拔活動的台灣黑熊卻在淺山地區誤中陷阱的新聞，我以爲五六八也不過是其一。只是，每隔一段時間，就會看到關於這隻黑熊的消息，牠不斷地在滋擾果園與救傷、野放間循環，更沒想到的是，再次聽到牠的消息時，就是牠死了，而且還是遭到槍殺埋屍。於是，這隻大家眼中前科累累的「問題熊」開始讓我產生興趣，我想知道：牠，到底發生了什麼事？

也是從五六八在二〇二〇年十月一日第一次中陷阱（後來發現這並不是第一次）開始，生態紀錄片導演顏妏如展開了長達一年半的記錄，直到二〇二二年五月，五八六生命中止，鏡頭仍持續 keep rolling，並未因爲五六八的死而中斷。二〇二二年年底、五六八遇害後半年，她受林保署委託將之剪輯成《一隻台灣黑熊之死：七一一／五六八的人間記事》紀錄片，呈現了五六八最後一年半的生命歷程，也進行了相關訪問。

這部紀錄片像是一條線，串起了我先前在媒體上看到的五六八新聞

「碎片」，我除了驚嘆五六八充滿戲劇性的遭遇，更被牠一路返家的決心打動，還有在牠生命最後的一年半所遇到不論是官方或民間的利害關係人，對於牠的死，他們的感受又是什麼？這些都激起我進一步探索的好奇心。

影片最後結束在三名槍殺黑熊的獵人以布農族語向黑熊流淚懺悔，那一幕令我深深悸動，難以自遏地留下了淚。在感動之餘，我又忍不住抽離，回到記者的「職業反應」，在我看來，這整個事件飽含了文學氛圍跟戲劇張力，而這不正是所有新聞報導及文學作品最吸引人的兩大要素？於是在那當下，我決定用自己最熟悉的文字記錄五六八的生命旅程，並探討背後所折射的種種議題，寫成長篇報導文學。

當時我下定決心，要知道五六八這一趟未能完成的旅程到底發生了什麼事，非得走一遍牠最後一年半所途經的軌跡不可。不過，雖然還在媒體任職，但我已非第一線記者，而是退居到第二線的編務工作，這也非報社所指派的採訪任務，我只能利用工作之餘的休假，前後花了整整兩個月，陸續走訪那些被五六八滋擾的山區部落、果園，救援、照養牠的林保署、生多所等政府保育單位及民間追蹤團隊；還有牠原棲地大雪山的周邊部落，以及後來決定接納牠野放的丹大林地周邊部落，更包括最後牠被殺害並埋屍的武界部落，設法找到每一個環節中的關鍵人物。

尤其，我更想知道的是，那三名開槍射殺五六八的原住民獵人，在他們開槍前發生了什麼事，開槍的當下在想什麼？而這件事又對他們產生了什麼影響？於是我花了一番功夫，取得他們的信任，讓他們現身說法，而他們的回饋也令我驚訝。

進行這項採訪之前，我就已知道這是個浩大的工程，沒想到，隨著一步步蒐集素材、親身走訪，這故事的軸線出乎我想像地愈拉愈長。雖然當了二十年多記者、寫過無數報導，這次採訪對我而言卻最具挑戰性，難度也最高，因爲發生在這隻台灣黑熊身上的每一件事，直觀來看只是一條條水平線，但每個事件單獨拉出來深挖，又成爲一條條縱線，要如何在報導中將水平與垂直的軸線完美扣合，確實花了一番心力。

尤其，我的採訪初衷原本是想探知在每一個環節中與五六八相關的人當下是何心情，以及事發後一年的回望，但隨著訪談愈往前推進，卻出現更多新的觸發，甚至反轉再反轉。我漸漸發現，在這起事件中，從官方到民間，有一群人不斷地逆風而行，選擇跟主流社會走相反的路。

在外界一片撻伐獵人的聲音中，作爲保育主管機關的林保署，不僅未跟進喊打喊殺，亦未建請法官從重量刑，最後還邀請獵人一同將五六八送返大雪山長眠；而原本就不受主流社會理解並認同的原住民狩獵文化，更因此事件再次受到強烈批判，林保署回應的做法，卻是加大、加快原住民族狩獵自主管理計畫於各部落推廣的力道。在外界全面禁絕山豬吊的呼聲再起時，林保署則是選擇了改良山豬吊並深入各山區部落推廣。

這些做法一再引發動保人士及部分網友質疑，林保署相關人員也承受莫大壓力，背負「沒站在保育立場」的指責，甚至還因此遭到動保人士向監察院舉發、要求調查。

我不解的是，順風遠比逆風容易，爲何這群公務員跟民間人士要選擇一條表面上看起來「負評遠多於掌聲」的路？其中扮演關鍵角色的林保署署長林華慶，告訴我他背後的理念——理解與和解，同理山村居民與原住民的生活情境與文化需求，並希望藉由人與人以及人與自然的和解，達到共生、共好。他認爲唯有將與野生動物比鄰而居的社區住民都納爲山林的守望者，才能眞正達到保育的目的。在民間同樣也有一群學者支持林保署將衝突化爲共好的做法，並實際參與、協助推廣。

我認同這樣的理念，但這是過去政府面對山林治理與原住民狩獵議題，從未有過的思維與做法，是否眞能藉此縫合原住民與山林間的關係，並讓主流社會理解與接受，在我看來，這宛如一場持續進行中的大型社會實驗，誰也不知道最後的答案。

在「實驗結果」揭曉之前，爲了深入探索每一個決策背後的邏輯與後續所帶來的效應，我除了大量訪問親身參與決策的林保署以及第一線親身參與執行的分署人員，還包括民間協助推動原住民狩獵自主管理的學者與參與的部落族人，聽聽他們的聲音，也探討原住民狩獵文化長期受到的壓抑與剝奪。

還有，包括三名遭到外界撻伐的原住民獵人，他們對於林保署採取與過去對待原住民截然不同的作法，他們的感受又是什麼？

「矛盾與轉折」是這部作品中令我感受深刻之處。在得知五六八被殺當下，從林華慶到負責追蹤黑熊的野聲團隊，他們痛恨、詛咒殺了五六八的凶手，但隨著檢警調查案情一步步明朗，爲何他們的心情都爲之反轉？而這中間思維轉換的「按鈕」是什麼？每一個轉折，對我乃至於讀者而言，都是又一次激盪。

在書寫前，我也在思考，「作者」在這部作品中又該扮演什麼樣的角色？是隱性還是顯性？在進行這部作品前，我當然有我的價值觀以及信念。我既感嘆這場悲劇，但又理解這背後並非只是「可惡的獵人殺了一隻黑熊」這麼簡單一句標題就可以涵蓋，一如在許多新聞事件中，大家總是習慣急於找出對與錯的一方來判定是非曲直，但事實眞是如此嗎？

紀錄片中最讓我記憶深刻的，是烏石坑研究中心兩次照養五六八的照養員劉立雯說：

我有點不敢想像，最後在牠的眼中，看到的到底是什麼樣的畫面？

隨著一步步深入的訪談、感受，我從五六八中槍跌落山溝前最後的眼睛裡，看到的是「灰」，是在我們以為非黑即白的價值觀中，存在的一大道深深淺淺，介於「你的正義」與「我的正義」兩端間的灰色地帶。

例如，從都會人的角度，多認爲山村居民設陷阱防治獸害很殘忍，尤其是俗稱山豬吊的金屬套索應該要全面禁絕，但站在山區農民的立場，他們要面對的可能是一整年的辛勞血本無歸，即令修法禁用山豬吊，農民基於生計仍有強烈的防治需求情況下，最後的結果會不會逼得套索使用更加地下化？連帶地，若因此誤捕瀕危動物，也因畏罪、害怕受罰而不敢通報，這樣對於原本想達成的保育目的，是助力還是阻力？

而站在資本主義立場，現代社會雞鴨魚肉無物不可買到，何必獨沽山肉，「野蠻、落伍」的原住民狩獵文化還有存在的必要嗎？先不論市場上禽畜肉品背後集約養殖方式的能源消耗與汙染排放對環境帶來的傷害，對原住民而言，狩獵不光是取得動物蛋白質的來源，更多的是背後代表的傳統領域資源守護、分享以及自我文化實踐意涵。當中除了有「利己」的成分，透過文化實踐的過程，還能讓山林、野生動物及人都確保永續。

但這些錯綜複雜、看來又彼此矛盾衝突的問題與論述，我要用什麼樣的寫作策略，才能讓讀者「看見」並理解？如果我採取深涉其中且灑狗血的方式，或許可以輕易帶動觀眾情緒「刺激收視」，但如此一來，也會讓讀者失去了反思的空間。

更重要的是，不論是狩獵文化或是山豬吊的議題，在台灣社會之所以存有高度爭議，關鍵源自許多的不理解。最後我決定將我的筆變成「鏡頭」，用一種保持適當距離的方式，給每一個環節的利害關係人都有機會現身說法。並藉由持平且不煽情的敘述方式，讓原本的異議者至少願意靜下心來，看看與他們生活在不同空間與文化中的另一群人，並理解：爲何他們會做這樣的選擇？

必須承認，在書寫這個故事時，我的內心是熱騰的，但我選擇用冷靜的筆，用抽離、收斂的寫作方式，讓讀者有空間反芻思考、「長出」屬於自己的東西，才有機會轉爲信念及行動，而這往往比作者直接給答案更有力量。另一方面，或許也是長久以來身爲記者的訓練，報導必須客觀中立，但讀者依舊可以透過書中的字裡行間，接收到作者所欲傳達的價值評斷，並衡量出自己心中的那道天平。

回到最初，創作這部作品的起心動念，其實只是想找回擔任記者的初心——相信我所相信的，也報導我所相信的。我始終相信，只有理解才能跨越重重障礙，進而找到彼此共好的路徑，五六八故事中亦復如此。我希望透過這部作品，不只讓更多人看見黑與白之間的「灰」，同時也能看見並認同我的「相信」。

第一章

最常上新聞的黑熊

「就是這裡。」

從台中豐原出發，歷經長長的彎繞山路，兩個多小時後終於抵達海拔二千二百七十五公尺的大雪山國家森林遊樂區，沒了山下五月盛夏的燠熱，空氣裡透著涼意。

我緊跟著林業及自然保育署（以下簡稱林保署）前身的林務局東勢林區管理處鞍馬山工作站主任黃琳捷的腳步，從主幹道右轉進入一條林道，不到一分鐘，他停下腳步，指著一處向著開闊山谷、散落枯枝雜草的荒地，「這裡？」我難以置信，「故意的，這樣才不會讓遊客發現牠埋在這裡。」

近午陽光從四、五公尺高的卡氏櫧樹梢穿過，那是黑熊最愛的殼斗科植物，光影灑落在眼前這處被刻意偽裝過的荒地上，紫嘯鶇、青背山雀、冠羽畫眉較勁似地啼叫。

「五六八，原來這就是你一直想回的『家』啊。」我在心底這樣默想著。

＊＊＊

568 的長眠處從外觀看不出任何的異狀。（張維純〔阿步〕／攝影、提供）

台灣黑熊是台灣本土最大型的野生動物，這幾年，常有山村居民誤捕黑熊的消息，但東卯山黑熊五六八可能是這幾年最頻繁「上新聞」的台灣黑熊。

二〇二〇年十月一日，那天是中秋節，台中東卯山的一處甜柿園卻不平靜，一隻黑熊誤中俗稱「山豬吊」的陷阱。「山豬吊」是一種以鋼索結合續壓式彈簧裝置束綁的陷阱，當動物肢體踩上踏板時，踏板迅速收合，鋼索勒住肢體，動物愈掙扎套得愈緊，使動物難以逃脫，即使逃脫，傷肢也會壞死而造成殘肢甚至死亡。[1]山豬吊是山村居民爲了防止山豬啃食農作，或是部分原住民爲了捕捉獵物而常見布設的陷阱，但近年偶因誤捕保育類動物，引發爭議。

「那天早上八、九點吧，我正開車去菜市場買菜準備拜拜，秘書通報接到黃美秀[2]老師的電話，我就把車停在路邊，講完電話，我車子立刻掉頭，打電話回家說：『今天沒辦法回去拜拜了。』」東卯山黑熊救援行動，是林保署台中分署自然保育科科長洪幸攸二十多年公務生涯裡，最難忘的一回。編號七一一的黑熊中陷阱的地方位在谷關附近一處偏僻果園，當時台中分署緊急聯繫農業部生物多樣性研究所烏石坑研究中心，請求獸醫支援，但一開始現場資訊紊亂，加上過去少有類似的處理經驗，台中分署人員手忙腳亂。從早上直到下午，時間一點一滴流逝，黑熊始終難以脫困，套索也愈發緊縮，牠的情緒愈來愈躁動，不斷嘶吼。

加上當時有村民用手機拍攝黑熊受困掙扎的畫面提供給媒體，畫面經傳播後，大批媒體蜂擁上山。台中分署一面正為黑熊脫困焦頭爛額，另一方面又要面對應接不暇的媒體，更要設法將媒體阻隔在山下，避免增加救援難度，陷入多邊作戰。

由於台中分署在當地推動「里山計畫」，跟部落建立不錯的關係，

1　游明煌，〈違法山豬吊輕鬆購　新北祭鐵腕邀各大電商平台研議下架〉，聯合新聞網，二〇二二年七月二日。

2　黃美秀：屏東科技大學野生動物保育研究所教授，台灣黑熊保育協會創辦人，動物學家。

2020 年 10月 1 日上午，在東卯山誤中山豬吊的 711。
（農業部生物多樣性研究所／提供，詹芳澤／攝影）

洪幸攸說，「我們就請部落支援救傷，還找一個汽油桶要來裝牠，結果發現是隻大公熊，汽油桶放不下。後來找來一個大狗籠底下裝輪子，因為太重，輪子還壓壞。」

經過長達一天的救援，這隻大公黑熊終於脫困，當黑熊在麻醉藥作用的昏迷中抵達台中烏石坑研究中心時，已是深夜。

＊＊＊

成立於一九九三年、前身是農委會特有生物研究保育中心（現為農業部生物多樣性研究所）低海拔試驗站的烏石坑研究中心，是國內收容台灣黑熊的重要場域，三十年來陸續照養過十多隻的台灣黑熊。烏石坑研究中心主任陳元龍說，研究中心成立早期的做法，就是「救好了就收容」，就此圈養到老死，有些則是被送進來的失親小熊，人為圈養後就無法再回到野外，也從此終身收容。

「但這幾年來開始會想：『進來了，可不可以讓牠回家？』」陳元龍說，研究中心也開始區分成兩軌，一是原有的圈養，便繼續養到老死，但後續救傷進來的，就變成黑熊「中途之家」，朝著日後野放爲目標。

陳元龍說，圈養黑熊爲了照養方便，照養員必須與牠建立信任關係，還要進行一些動物訓練，如此便可讓動物在不必麻醉的情況下，讓飼養員可以做一些基本檢查、醫療，減少動物的緊迫。

這天，我們來到了烏石坑研究中心大籠舍，目前站內收容黑皮、阿里及妞妞三隻台灣黑熊。隨著我們的腳步聲接近，住在最外面籠舍的黑皮顯然非常興奮，不停地來回跑動，嘴裡還不時發出「咚咚咚」的聲音。烏石坑研究中心計畫助理劉立雯說，這就是牠在跟人溝通的聲音。每天十分鐘的動物訓練也是牠們最期待的時光，不但有得吃也有得玩。

「嗶！」劉立雯吹響短哨音，黑皮乖乖地把吻部探出柵欄的縫隙，下巴靠在柵欄。劉立雯撐開牠的嘴唇開始幫牠刷牙，完成後，再從腰間拿了俗稱「熊乖乖」的熊飼料獎勵牠，「不給吃牠會很焦慮。」陳元龍說，動

照養員正為圈養的台灣黑熊刷牙。（張維純〔阿步〕／攝影、提供）

物訓練的方式就是用牠們愛吃的食物獎勵，例如熊飼料、蜂蜜水，而且會依照指令的完成度給予不同的獎勵，「『棒』就是給一顆熊乖乖，『很棒』就是給很多顆」，給動物正向的回饋。訓練的步驟則是循序漸進，從基本動作例如站起來、坐下，再組成複雜動作，再進一步組成特定動作，例如「嘴巴打開，我幫你刷牙」，最新開始的訓練內容是量肛溫。

陳元龍說，動物訓練對他們管理上很方便，「你看還可以訓練牠開門，飼養員就把牠那一側的門關起來，就可以到裡面打掃」，還有，以前要幫黑熊打針，獸醫都要帶著吹箭一直追，「萬一跑到上面掉下來怎麼辦？」每次打針都要耗時四十分鐘到一小時，但「現在就可以叫過來，乖乖讓你打針就搞定了」。

他說，另一隻黑熊阿里因爲有自殘傾向，身上總有傷口，「以前沒麻醉誰敢幫牠換藥？」但現在牠已經訓練到可以讓飼養員乖乖換藥、點眼藥水。圈養的動物因爲缺乏環境豐富化，研究中心便利用一年一度健檢的機會，幫牠們換籠，那就是最大的環境豐富化。

但中途收容與終身圈養的照養模式剛好相反。

台灣歷經中途收容的在這之前還有花蓮南安小熊，二〇一八年七月，在花蓮卓溪鄉南安瀑布附近，民眾發現一隻疑似與母熊走失的小熊。因爲苦等不到母熊，後來經過多次協商，轉送到烏石坑研究中心。

因爲台灣保育界從未有照養中途收容黑熊的經驗，陳元龍只能參照國際自然保育聯盟（International Union for Conservation of Nature, IUCN）的指引，以及搜尋國外的做法，一步步摸索。相較於圈養動物要培養與人的信任關係，面對評估野放的野生動物，照養的困難度與互動的拿捏挑戰性更高。

陳元龍說，因爲牠們未來都是要野放的個體，最重要的就是要讓牠們保持野性、會怕人，所以要跟動物「斷捨離」，包括人類的視覺與嗅覺，保持牠們對於人類的警戒，因此要盡量避免與牠們接觸，也不要產生飼養員與食物的連結。

但難的地方又在於，對於還沒來得及學會社會化的失親小熊，飼養員同時要扮演媽媽的角色，教牠們如何生活，包括認識食物、引導牠們學會打獵，包括放進小雞、小豬、小羊、蜂巢，就連食譜設計也會跟圈養動物而不同，不會餵熊飼料、水果等，就是避免牠們習慣人類的食物。國外的照養員會穿著動物服裝及餵奶裝與野生動物互動，「我們也有參考這樣的做法。」陳元龍說完，自己也笑了。

烏石坑研究中心也因有了南安小熊中途照養的經驗，後續陸續送進來的廣原、利稻小熊，也都循著相同模式照養。陳元龍說，雖然個體會有差異，但有些基本概念相通，逐步累積台灣照養中途黑熊的本土經驗，他們也一直在學習，「這是很難得的經驗，但最好不要得（有）」。林保署也由此啟動黑熊中途照養計畫，委託烏石坑研究中心執行。

雖然烏石坑研究中心先前已累積不少黑熊中途之家的經驗，但照養的都是小熊，後來的東卯山黑熊對中心而言又是全新的經驗，因爲牠是第一隻評估希望野放的成熊，充滿許多新的挑戰。

劉立雯也是在這裡第一次見到東卯山黑熊，然而，她當時完全沒想到，三個月後竟然會再遇到牠。

這並不是這隻大公熊第一次中陷阱。牠的脖子上掛有編號「一六七一一」的項圈，二〇一八年屏科大教授黃美秀在大雪山捕捉繫放六隻黑熊生態保育研究對象，牠是其中一隻。牠的右前肢少一趾、左前肢缺四趾，只剩半截腳趾，牙齒崩壞磨損嚴重，從殘肢推算，牠至少中過兩次陷阱，可能也因爲想掙脫陷阱，造成牙齒崩壞嚴重。黑熊的年齡可以透過牙齒的磨損程度來推估，但七一一因爲牙齒實在磨損得太厲害，難以估算，不過確定是隻成熊。

這是七一一第一次接受人類照養的生活。劉立雯說，當時七一一顯然特別緊張，好幾天不吃、不喝、不動。爲了避免讓牠習慣人類，牠居住的醫療籠空間較其他圈養黑熊的來得大，飼養員除了餵食及打掃時間外不會靠近籠舍，因爲一旦建立與人的連結便很難切除。

七一一由兩位照養員不固定的輪流照養，時間也愈短愈好，他們會刻意戴上帽子與口罩，並快速完成基本工作項目，彼此間也不交談，盡量減少黑熊對「人」的視覺、聽覺。也因此七一一始終維持對人的警戒，只要外面有人靠近，牠就會躲起來，同時依舊維持非常好的嗅覺。

由於黑熊照養愈久便愈不適合野放，在七一一傷勢痊癒後，烏石坑研究中心確定牠的野外活動能力沒有問題，便在照養兩個月後，於二〇二〇年十二月三日，在眾人驅趕聲中，林保署在原棲地雪山坑溪野生動物重要棲息環境野放了七一一。大家都希望，牠能回到熟悉的環境中自在生活。

只是沒想到，七一一很快又回到人類的世界裡。

第二章
熊熊來到人間

沿著狹小山路，我們來到苗栗泰安鄉麻必浩部落，這裡是泰雅族的傳統聚落。循著指標右轉開上一處將近四十五度陡坡，道路兩旁植滿套袋的甜柿、甜桃，車子停妥後，三、四條狗繞著車子好奇打轉、嗅聞。「這裡山豬太多了，一定要養狗啊！」今年六十多歲的李科余早早站在農舍前等著我。七年前退休後，他與太太從桃園搬到了麻必浩部落，買了大約一甲地經營達拉崗甜柿園。

麻必浩是與雪山坑溪野生動物重要棲息環境重疊的山村聚落，李科余的果園經常會出現山豬、山羌還有猴子，讓他相當苦惱，因此他養了八條狗，幫他看守偌大的果園及雞舍。

果園主人李科余指著發現黑熊的果園。（張維純〔阿步〕／攝影、提供）

二〇二〇年十二月十八日夜裡，已入睡的他聽到「兩隻狗哀哀叫」，叫聲很不尋常。李科余從果園附近的房舍摸黑到果園查看，暗夜中他隔著果園斜坡的高處往下看，只見一個黝黑的龐大身軀，他大叫了一聲「你在幹什麼！」這時，對方慢慢地轉過頭來，一手把狗飼料往嘴裡送，四目相交的當下，李科余不只看到牠有雙發亮的眼睛，還有胸前那道V字型白毛，在黑夜中特別醒目。

黑熊並沒有攻擊李科余，而是繼續悠哉地一口一口吃著狗飼料。李科余第一個反應不是逃跑，居然是大吼：「你再不理我，我要打你了喔！」黑熊這才丟下整袋狗飼料往果園下方走去。

後來他把狗飼料統統收起來，還用帆布圍起雞舍，並架上棧板。「沒想到牠把棧板拿起來放到旁邊，跑進去，眞的好聰明。」到了隔天早上，他要去餵雞時，發現二十幾隻雞統統不見了，原來是被嚇跑，後來雖然陸續回來，但是卻讓他困惑：「咦，怎麼都沒有小雞回來？」原來，來不及逃跑的小雞，全進了黑熊的肚子。

那一整個禮拜，黑熊天天趁著半夜或是黃昏跑來李科余的果園，身旁還帶著一隻體型較小的熊，研判是母熊。李科余也趕緊通報林保署台中分署，分署請他先將飼料等食物收起來。

「那你會怕嗎？」李科余的反應令人出乎意料，「不會啊，我是鄉下的孩子，對山裡的動物不會怕，而且我覺得我很幸運可以看到熊。」李科余像中獎般開心，「他什麼都不怕，我眞的很怕他有天會出事。」一旁的太太黃美利卻有點擔心，李科余不忘再補一句：「黑熊比山豬好看多了！」李科余說，他最討厭山豬，因爲山豬會挖洞，破壞力很強，會讓果園「土石流」，他還曾遇過一隻一百六十公斤的大山豬。他本來有放陷阱，後來覺得麻煩也沒有再用。

雖然李科余不怕這些跟他生活領域重疊的動物，但牠們帶來的農損卻讓他很苦惱，尤其是台灣獼猴。每年十月是甜柿收成的季節，好不容易辛苦一年的成果，常被猴子一夜吃光光，或是咬幾口就丟掉。他們放過驅猴炮，但幾次過後效果也不大。

後來李科余突發奇想，把抓到的猴子綁在樹上，用噴漆噴上不同的顏色再放走。因爲猴子是群居動物，毛色異於同伴的猴子會被排擠成爲孤猴，只好到別的地方流浪，等到半年後台灣獼猴換毛，又會回復原來的毛色，這段期間就不會再來。李科余前後噴了五、六隻。有次他把一隻猴子噴上紅漆再放走，後來被登山客發現，對方還納悶「台灣怎麼會有紅毛猩猩？」還上了新聞，最後，他索性將果園四周圍上黑網，大大降低猴害。

從二〇二〇年十二月二十五日到二〇二一年一月二十三日間，黑熊七一一在苗栗泰安鄉與台中和平區之間來來回回移動十多次，成爲有紀錄以來最頻繁靠近人類生活區域的黑熊。在七一一野放後，台中分署持續監控，發現牠逐步靠近山村部落，除了同步到周邊村落宣導收起食物，也嘗試將牠驅離人類活動範圍，但似乎無法阻擋牠一次次造訪人類聚落。

二〇二一年一月，七一一又被發現出現在距離麻必浩不遠的台中和平區桃山部落，一處海拔一千多公尺的工寮。平時住在山下部落的張永星經常要上山照顧果園，因此搭建了工寮，農忙時就會在山上過夜。「我記得那時快過年了，我還把冰箱塞滿滿！」想起當時情景，張永星記憶猶新。

二〇二一年一月五日，七一一趁半夜進工寮翻找，還開冰箱把裡面的食物一掃而空，「下面吃完，還知道開上面冷凍庫的門」，狗飼料當然沒放過，就連木製的櫥櫃也被挖破了一個大洞，簡直如牠的頸圈編號，把工寮變成7、11超商。幸好，當晚張永星沒有留宿工寮。

2021 年 1 月 7 日，紅外線照相機拍到 711 到工寮翻找冰箱的畫面。
（林業及自然保育署／授權使用）

隔天，一如以往上山到工寮的張永星被眼前宛如轟炸過後的場景嚇壞了，趕緊通報林保署台中分署，分署協助他放置震撼彈。當晚，七一一再闖工寮，被引爆的震撼彈嚇得跑走，但沒想到幾小時後，七一一再度回到工寮，還將震撼彈噴出的辣椒粉舔得一乾二淨。「當時絕對很害怕，」張永星說，那一陣子他連山上都不敢去，「萬一（牠）到我的工寮跟我一起睡覺怎麼辦？」那段時間，他開車走山路更是全程按喇叭，部落也人心惶惶。

七一一頻繁出現在山村聚落的滋擾行為，讓台中分署愈來愈擔心再這樣下去會造成人熊衝突，決定展開驅熊行動。林保署也在臉書上發布訊息，提醒周邊民眾留意但不要過度反應。

二〇二一年一月二十三日，台中分署出動人力再次前往驅熊。眾人全面部署、擬好作戰計畫，隨著七一一座標的訊號愈來愈強，眾人也愈發屏氣凝神，隨時準備扣下手上的驅趕槍扳機。終於，在一片低矮的樹叢中，七一一露出半顆頭與兩顆晶亮眼睛，但遲遲沒有動作，工作人員小心往前接近，一看，「撤了！撤了啦！」突然有人大喊，原來，七一一又中陷阱了，驅熊當場變成救熊行動，大家紛紛放下手中的戒備工具，轉而聯繫生物多樣性研究所協助救援，也很快就調來破壞剪、大鐵籠等器具。

相較於上次中陷阱的掙扎、威嚇，這回七一一顯得平靜許多，安靜地坐在原處等待救援，「一副你們怎麼不趕快來救我的樣子。」洪幸攸迄今仍印象深刻。「我是一月二十二日上任，隔天就碰到了。」台中分署分署長張弘毅就任第二天就碰上七一一事件，但有了上次東卯果園搶救的經驗，這次台中分署的作業速度加快，一邊管制現場一面救援，同時也準備對外發布訊息，「上次處理了一整天，這次下午一點開始救，六、七點就送到特生的烏石坑了」。

只是沒想到這一回，七一一住就是四百多天。

第三章

你怎麼又來了

「當時接到電話第一個想法是，你怎麼又來了？」劉立雯說，七一一再次回籠，她的心情有點複雜，「畢竟是自己照顧的熊放出去，當下覺得希望讓牠趕快再把傷養好，有野放的能力。」七一一這回顯得熟門熟路，第一次不吃不喝不動好幾天，第二次很快就開始探索環境，顯然記得這個空間。

七一一身上雖然沒有明顯開放性的傷口，但幾天後，細心的照養員發現七一一左前肢腫脹發黑，根部開始裂開，精神也愈來愈委靡，又趕緊轉送到生多所位在南投集集的野生動物急救站。

七一一的傷口是在末端關節，且已嚴重到考慮截肢，但獸醫們希望能

711 在大籠舍吊床翻滾。（農業部生物多樣性研究所／提供，劉立雯／攝影）

保住牠的左前肢，才能保有野外競爭力。只是，保肢遠比截肢困難得多，對醫療團隊是極大的考驗，當時已快過年了，醫療團隊在短短一個半月內為七一一進行了十一次手術，幾乎二、三天就進行一次，整個過年期間都在搶救牠的傷肢，清創手術更比照台大醫院規格進行，甚至都已深挖至骨頭。在醫療團隊的專業醫療與輪番觀察下，七一一的傷肢保住了，一個多月後再次回到烏石坑的大籠舍。

由於照養員不宜頻繁接近七一一，劉立雯都是透過監視器觀察牠的行為。從畫面中，可看到牠逐漸恢復活力，會開始探索環境、爬高爬低，滑下枯木時可以用手掌撐地，顯示傷口已經完全復原，甚至還把架在高處的監視器打歪。後來附近的猴子跑進籠舍吃牠剩下的食物，還會幫忙找出照養員故意散落在籠舍四處的水果，「我們都開玩笑說牠養了好幾隻猴子」。

但很快地，劉立雯發現，七一一除了剛開始探索環境，感覺是在養精蓄銳，等到傷口慢慢痊癒後，牠卻變得不怎麼愛動。監視器裡的牠在休息時總一直面向靠森林那側的窗，也會主動趨向有鳥叫的空間。劉立雯說，收容的動物有時候會偶爾撥一撥、玩一玩籠舍裡的東西，但七一一都沒有這種感覺，牠認爲這裡只是牠臨時的住所，牠是隨時都要回到野外的，[3]「牠來了兩次，給我的感覺是，牠一直沒有很快樂，一直覺得外面才是牠的家」。幸好七一一一直沒有習慣人的存在，看到人就會躲起來，這也成爲日後牠能再野放的關鍵之一。

放不放的難題

然而，黑熊能否野放除了醫療與行爲能力評估外，更重要的還有社會評估，這也是林保署在七一一救傷期間同步進行的工作。期間召開多

3 林業及自然保育署，〈一隻台灣黑熊之死：711/568的人間記事〉，YouTube。

次專家會議討論，但意見相當分歧，東海大學生物科學系特聘教授林良恭就不贊成七一一野放。

林良恭說，他當時反對的理由是，七一一已經有兩次滋擾人類的紀錄，熊本身有戀家狂，日本過去就有研究，熊爲了吃魚，就會在漁場附近活動；另一方面，七一一因爲牙齒幾乎都已磨損殆盡，左前肢也只剩半截手掌，熊主要是靠前肢活動，這樣牠在野外覓食會有很大壓力，會往比較熟悉的地方跑，也會挑容易進食的食物，牠也是因此才會跑去甜柿園、工寮，「在這種情況下野放，『等於把病人丟去工作』有點殘忍」。他建議不如把牠當成保育動物圈養繁殖，還可以貢獻個體基因。

除了專家學者的意見不一，導致七一一野放與否遲遲難以敲定，更重要的還有要如何取得周邊居民的同意。雖然在台灣並沒有黑熊主動傷人的紀錄，但民眾對於大型動物仍然多存有恐懼，尤其七一一有滋擾山村部落的「前科」，被視爲「問題熊」，困難度更高。

二〇二一年十月，台中分署針對七一一原棲息地的周邊居民發放問卷，當時他們利用晚上居民下班回家的時間，挨家挨戶做問卷，結果百分之五十五贊成野放，但贊成中的百分之七十反對放回原棲地。曾被七一一滋擾的桃山部落，每戶都發放了兩份問卷，男主人跟女主人各一份，當時雖然多數人贊成野放，但女性恐懼感比較重，擔心部落裡的老弱婦孺安危，多數不希望再放回原棲地。

張弘毅說，對於要不要野放一直沒有定論，牠又是在IUCN野放標準的邊緣。以日本爲例，這種「犯行」很具體的問題熊會被終身圈養，但國內沒有先例，若野放民眾則會擔心，明知道牠有滋擾情形，且以牠的移動能力「就知道會（滋擾），還故意放來」。他坦言，這是一個很難的決策，更不諱言他自己其實反對野放，但「畢竟有熊的森林才是活的、有靈魂的森林」。

經過幾次討論，林保署決定採取異地野放的折衷方案，但對於地點暫時沒有定論，只能從遠離牠原本熟悉的領域，周邊又沒有聚落與山屋的山區篩選。於是，林保署請各分署評估適合野放且遠離人煙的地點。

711 在休息時總是望著的，朝向森林的那一面。
（張維純〔阿步〕／攝影、提供）

「當時有一個很重要的觀念，如果當地居民不同意會有很大問題。」張弘毅說，黑熊野放後會配戴衛星發報器，並設置電子圍籬監控，一旦發現牠們靠近部落，會非常需要部落配合，包括把食物、飼料、陷阱收好，若便宜行事引發居民抗拒、不信任政府，要花更多時間才能找回信任，也對後續黑熊保育工作不利。

當時各分署人員利用晚上時間到轄區部落說明，並調查部落接納七一一野放的意願，逐漸收斂出幾個備選地點。最後由林相完整、食物充足、鄰近水源，不易衍生公熊領域競爭且遠離熱門登山區域，距離聚落尚遠，且有數個天然高山屏障的南投縣丹大野生動物重要棲息環境成爲異地野放首選。

在專家會議討論時，黃美秀教授提醒，丹大當地黑熊密度低，環境恰當，但熊又很少，應該是有原因（指可能有人爲狩獵因素），也提到這隻熊可能會有返家行爲，必須要有風險評估，萬一有狀況需要管理，林保署有無量能協調處理？

給牠一次機會

地點確定後，接下來就是徵詢附近聚落居民意見。二〇二二年一月十五日，林保署南投分署在鄰近丹大野生動物重要棲息環境的南投信義鄉地利（達瑪巒）舉行黑熊野放部落說明會，包括人和、地利、雙龍、潭南周邊四個布農族部落居民、村長都有出席。會中，分署人員說明黑熊異地野放的緣由與野放計畫，也一一回應居民的疑慮，包括萬一熊進入部落怎麼辦？「熊會配戴發報器，可以隨時監控行蹤，也會設電子圍籬」，也承諾一旦再發生滋擾就會抓起來。

南投分署也向村民動之以情，說牠還是一隻非常健康的熊，如果一直關，其實就有點像是終身監禁，這時有居民便說「給牠一次機會啊！」、「野放就是給他一次機會」、「我們布農族不能射熊」。

其中，時任南投達瑪巒部落會議主席、本身也是獵人的松光輝扮演關鍵的角色，他當時發言表示：「我們布農族不會射熊，我自己的想法

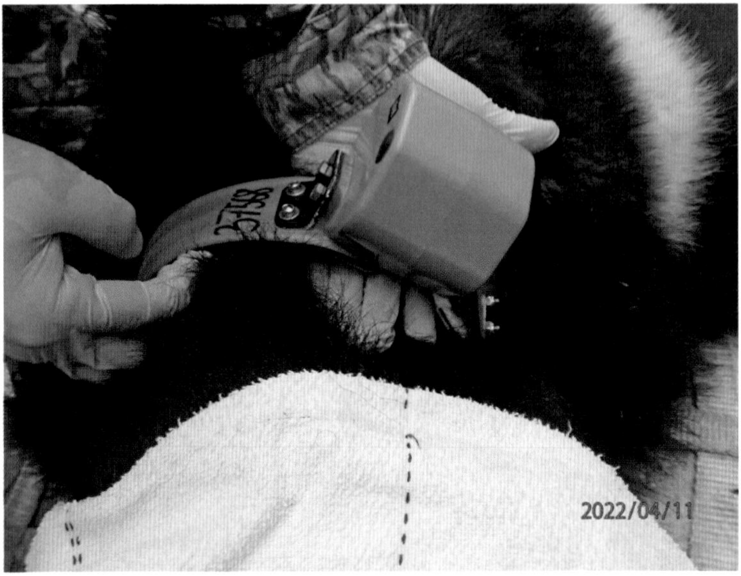

研究人員爲黑熊戴上新的追蹤項圈。（野聲環境生態有限公司／提供、鍾佳衡／攝影）

是給這隻熊一個機會。」底下有居民立刻響應：「熊怕我們布農族啦，所以野放是OK啦。」[4]

時隔一年，我來到達瑪巒部落松光輝經營的露營地。松光輝告訴我，布農族的傳統觀念是不打熊的，打熊是禁忌，會招來厄運，種植的小米會變黑；當人們打到熊，還要在山上待幾個禮拜，把厄運留在獵場。松光輝說，因爲這隻熊只有三條路可以走：一是原地野放，但不可能；第二條路是關到老死；第三條路就是異地野放。布農族的傳統領域有那麼多動物，也有別的熊，他不會怕，而且牠野放的位置離部落很遠，所以答應讓牠放在這裡。

另一個關鍵人物則是現已升任林保署森林組副組長的南投分署丹大工作站主任孫宗志，他在當地已經十年，深獲部落信任，居民會同意讓

4　同上。

七一一野放，很大一部分也是基於對孫宗志的信賴。孫宗志說，七一一（第二次的）野放地點被三條溪流包圍，另一面就是中央山脈，有很大的機會（不會再滋擾居民），但「沒想到還是破功」。

經過了一道又一道的關卡，四百多天的醫療照養和野放評估，終於確定七一一要二次野放了。爲了祈求二次野放順利，張弘毅與洪幸攸以及承辦人員還發願吃了一個多月素。

二〇二二年四月十二日野放當天一早，張弘毅特別偕同台中分署同仁與南投分署人員，共同在南投信義鄉丹大林道福德祠祝禱，祈求一切平安順利。

前一天，東卯山黑熊在烏石坑研究中心完成最後一次健檢，同時也卸下「一六七一一」頸圈，安上新編號「三七五六八」。新頸圈，象徵重新來過的熊生，而這編號也藏著工作人員的祝福。除了六（順）跟八（發），五是閩南語「有」的意思，三跟七也有去山上的意涵，期待牠去山上有順、有發，有新的熊生。

野放當天內政部由空勤總隊協助，從此是「五六八」的七一一，被載運到位於丹大野生動物重要棲息環境、人煙罕至的巒大一八一林班，一個遠離人類聚落且離原棲地更遠的森林。

「好，我要開囉！」運送籠柵門拉開，數名工作人員持鐵管奮力敲打籠子。五六八遲疑了一下，前肢才剛跨出籠子，現場便連開了驅熊槍數發，五六八隨即快跑隱入山林，消失於眾人視線之中。大家心裡都有一個相同的念頭：希望牠能就此回到森林展開新的熊生，不要再回到人類的世界。

5 同上。

2022 年 4 月 12 日，568 黑熊於南投丹大第二次野放。
（林業及自然保育署／授權使用）

第四章

五六八，你要去哪裡？

五六八野放後，林保署署本部、台中與南投分署人員共組了LINE群組，眾人每天緊盯衛星發報器回傳的五六八移動路徑，只要一、兩個小時沒有訊號回報，大家就開始陷入焦慮。

五六八野放後一路迂迴北上。四月二十六日，五六八已翻越至可以俯瞰濁水溪的地利村陡峭崩壁頂，首次進入電子圍籬警戒區範圍，眼底下便是蘇斯共露營區及果園，所有人如臨大敵，擔心曾經把工寮當超商的五六八，難道又想來人類聚落找食物？

主責的張弘毅隨即召集視訊會議，應變小組也在丹大周邊工寮部署待命，連捕捉籠都帶到現場。工作人員在沿線牠可能經過的農地、工寮、雞舍都部署重兵、架設 4G 即時傳輸紅外線自動照相機，也提供農地或露營地主人防熊噴霧。

同樣每天緊盯五六八移動路線的劉立雯說，她一聽到五六八又靠近村落，「我就默默回去打掃牠的籠舍了。」做好牠將再次回籠的準備。對於一隻慣性侵入工寮的黑熊，為了避免人熊衝突，勢必將再次啟動捕捉，也注定牠終其一生都必須接受圈養、不再野放，而那也是大家最不想看到的結局。

工作人員連三日在現場留守、監測、追蹤，並以 VHF（Very high frequency，特高頻無線電電波）的訊號確認黑熊的即時移動點位。當五六八沿著崩壁陡下到濁水溪床前不到一百公尺，所有人開始繃緊神經，然而牠跌破眾人眼鏡，突然九十度大轉彎、橫越大崩壁，循著遠離農地的天然林稜線移動，於四月二十八日離開了警戒區範圍，一舉跨過湍急的濁水溪，又跨越了台十六臨二十九線便道，讓所有看到衛星回傳定位資料的小組人員傻眼。

五六八繼續採取迂迴戰術，再次繞過新設定的警戒線，睡了一覺後，

2022 年 4 月 26 日，監測人員在濁水溪畔警戒。（林業及自然保育署／授權使用）

持續往北移動。此時，水社大山已在眼前了。

五六八繼續往北爬坡，然而翻過山頭後，就逐漸靠近人口密集的日月潭地區了。應變小組又開始高度警戒。四月二十九日，張弘毅再次召集應變會議，通知南投分署埔里工作站針對埔里鎮周邊提高戒備，並重新畫設電子圍籬。緊接著，五六八朝向東北路徑，一度距離日月潭九族文化村不到三公里，但幸好牠再次轉彎，沿著卓社林道逐步往北移動，於是警報又解除了。

那一陣子，張弘毅三天兩頭就緊急召集視訊應變會議，假日在家裡也不例外，有天終於惹毛太太。「爲什麼你隨時都在開會？」「哎呀，妳不懂啦！」好脾氣的張弘毅情緒也繃到最高點。

追熊的過程更是辛苦，除了得二十四小時待命，隨時聽訊號和看衛星是否回傳位置，還要隨著五六八移動的路線沿途戒備、設定電子圍籬，發現熊跡時，第一時間就要趕到現場，準備火炮、驅離槍，還常常得在荒郊野外紮營守護，「牠動，我就動；牠不動，我也不動。但熊走的路徑常是崇山峻嶺，甚至是崩壁，很多根本人無法行走。」台中分署森林護管員葉飛說。那一陣子他經常接到指令就出門追熊，一去就是好幾天，或是才剛到家又立刻出門，也惹得太太氣得撂下重話：「你去跟熊睡好了！」

五六八一路持續朝北移動，無聲無息地穿過一片又一片的天然林，不知道是靠著白晝太陽、還是夜裡月光的指引，抑或是山神的召喚，牠絲毫沒有再次闖進工寮或是農舍，而是有方向性地朝著原棲地大雪山逐步靠近。

這讓參與監控的野聲顧問公司負責人、本身是野生動物學博士的姜博仁在內的追蹤人員都很驚訝。他說，五六八第一次滋擾村落時，台中分署上下以及護管員都忙得非常累，「覺得牠煩死了！」第二次野放，每個人都預設牠會再靠近部落、會滋擾，但看到牠幾次靠近聚落後又轉彎、北返，都覺得不可思議。

姜博仁套疊五六八活動的軌跡更發現，牠基本上就是北、西北、北，若以直線方向連結，牠移動的方向是朝向大雪山，移動的軌跡並不是探索

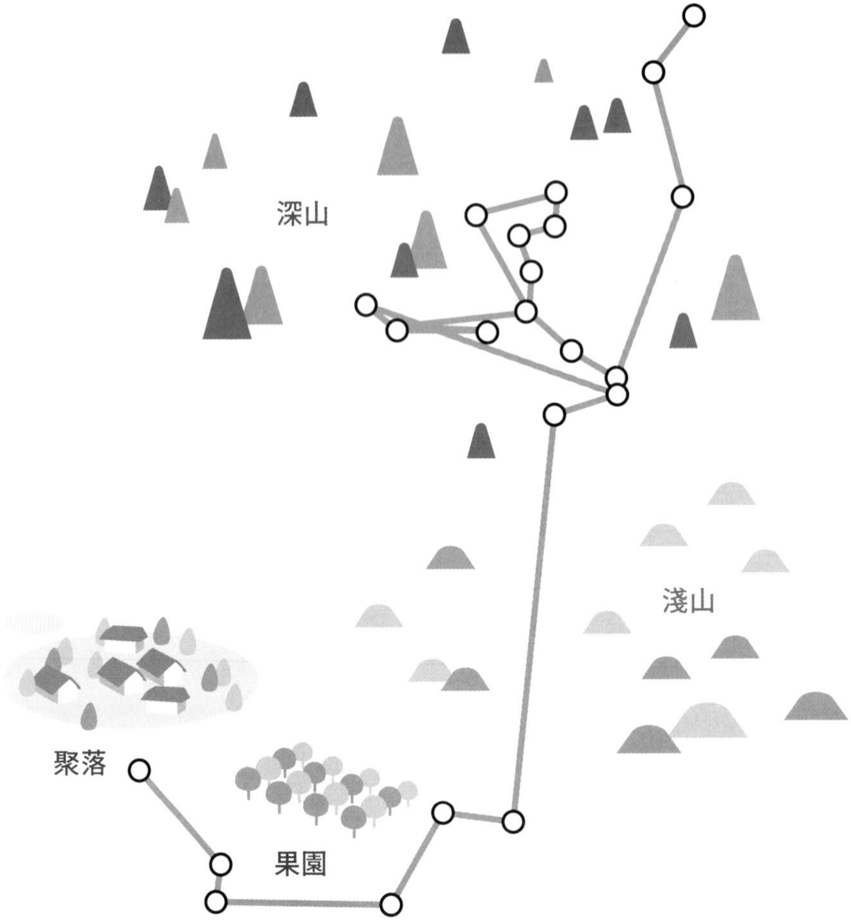

568 野放後，一路往北移動。（本圖據林業及自然保育署公布之野放軌跡重製）

式，而是有方向性的移動，五六八似乎被召喚，往大雪山一步步靠近。

「眞正的關鍵，是我太太跟我說，牠看起來想要回家。」姜博仁說，回顧文獻，美洲黑熊很多返家的紀錄，台灣異地野放的熊則還未被記錄到「返家」的行爲，但也從太太這句話開始，讓他對於五六八的移動有了不一樣心境轉變，「有一種『人格化』過程，變成是跟人很像的個體」。

姜博仁後來在臉書寫下：

原來，成見與既定印象一直都在默默地影響著我們，讓我們無法看到事情的全貌。看著五六八一路這樣跋山涉水，翻越峭壁，陡下崩壁，千山我獨行，迴避農地工寮，只為回家的想望……。[6]

6 姜博仁臉書，二〇二二年五月十一日。

此時，一個念頭也在他心頭浮現。

二〇二二年五月二日，五六八持續往北移動，台中分署研判牠可能會從武界朝奧萬大北上，請埔里工作站針對武界地區進行警戒。五月五日，五六八進入了武界山前農地，先前林保署擔心引起民衆恐懼，並未對外公開五六八野放後的行蹤。但由於牠往北的趨勢明顯，研判五六八過了武界之後，再北上可能會經過人止關並通過合歡山區，才會抵達大雪山，但這一段路程人類活動頻繁。

姜博仁於是建議林保署，將後續行動定調爲「全民護送五六八回家」，他心想，只要把沿線的防護做好，藉由公開五六八行蹤，集衆人及媒體之力，就可以讓五六八順利踏上返回大雪山的最後一哩路。

然而，熟悉武界當地文化的孫宗志一聽到五六八卽將接近武界，第一個反應就是：「糟了，武界周邊都是獵場，那裡的陷阱很多。」武界屬於布農族卓社，民風較爲剽悍，族人也普遍持有獵槍。

由於地形的影響，進入武界後五六八的衛星訊號接收斷斷續續，五月五日上午九時，野聲團隊到接近武界部落及茶園範圍，並以VHF搜尋五六八定位，研判牠可能藏身在陡坡下方的山坳處。同時，應變小組人員也進入武界，但由於南投分署埔里工作站以往與武界部落極少互動，只能請當地法治村村長葉阿良協助廣播，提醒村民警戒，並收起陷阱，小組人員也持續於現場留守搜索、待命。

隔天，五六八未再靠近部落，清晨五點多訊號再次移動，但不久後就消失。當時有人聽到三聲槍響，由於一般狩獵都是在半夜，白天開槍的情況極不尋常，這幾聲槍響也如水蛭鑽進應變小組成員的腦海中，大家雖然都沒有說出口，但一股不祥念頭無聲蔓延。經歷徹夜搜索才剛到家的台中分署護管員葉飛，又立刻飛車回到現場。

此時全民護送行動暫緩啟動，眾人全力展開搜索，在訊號中斷的點位來回尋找。大家都在心裡祈禱，五六八只是被槍聲驚嚇躲到低窪溪床或是更隱蔽的地方，才失去訊號。

五月七日，台中分署請野聲團隊緊急運來三支更靈敏的八木天線，由森林護管員及野聲團隊兵分二路以VHF擴大搜索，但始終未果。

五月八日，現場人員決定進入森林嘗試切入溪溝找尋最後點位，因地勢陡峭無法尋得訊號點。五月九日，護管員葉飛、陳智剛以及野聲環境生態顧問公司研究員——外號「郭熊」的郭彥仁等，在溪溝間來回搜索。陳智剛說，大家剛開始沿著兩處找，沒有發現蹤跡，於是又下切回武界產業道路，在距離馬路大約五十公尺的地方，也就是最後一筆訊號點附近的一處溪溝，一股不尋常的味道在空氣中時隱時現。

大家沿著聞到異味的地方開始找，接著發現一處土丘有翻土沖刷痕跡，但那幾天並沒有下雨，接著又發現土丘上有埋葬蟲。此時，大家心裡已經有數，也立刻回報，但因爲遺體掩埋較深，且當地地處偏遠運送不易，無法立即開挖，就由護管員跟保七警員在現場過夜留守。

五月十日一早，葉飛、陳智剛及郭熊合力挖掘，沒挖多久就看到動物毛髮，這時，一隻左腳從土裡露出來，大家拚命再挖，露出有明顯外

在武界搜尋 568 訊號的郭彥仁。（道綺全球傳播有限公司／拍攝、提供）

2022 年 5 月 10 日，眾人於武界山區溪溝內，開挖黑熊 568 遺體。
（林業及自然保育署／授權使用）

傷且已腐爛的黑熊頭部，雖然沒有發現項圈，但黑熊右耳標示一八八的綠色耳標[7]從土裡露出，外表粗獷的郭熊情緒潰堤、久久無法言語，因爲他從耳標確認了，這，就是五六八。

陳智剛說，其實應變小組人員那幾天就在溪谷的後方紮營，沒想到晚了一步；郭熊事後一直很自責，因爲一開始執著於在訊號消失的地方搜尋，但那是一處懸崖峭壁，人員根本難以靠近，沒想到五六八其實就在咫尺之遙。

五六八的返家之路，就此戛然而止。

四月十二日野放後，從回傳的衛星訊號判讀顯示，五六八在二十五

7　野放黑熊會上耳標用以標示個體，若希望追蹤了解黑熊的活動路徑與範圍，還會再配戴附有衛星發報器的頸圈。但由於發報器的電池壽命最多能維持一年半左右，在電力尚存的最後階段，研究人員會以指令透過衛星發射訊號讓頸圈脫落，至於耳標則會終身存在，幾乎不會脫落。

天內移動了五十四點七五公里、翻越十四道陡峻稜線，海拔範圍橫跨四三二公尺到二〇五〇公尺，爬升與下降的移動距離累計高達二十七公里，攀爬坡度更曾達六十五度坡，主動避開人類聚落、農田等區域，以天然林爲主要活動範圍[8]。

這樣的結果當然令人沮喪，而每個人都在問同一個問題：怎麼會這樣？又是誰殺了五六八？

第五章
打死，丟到樹林裡

二〇二一年五月六日深夜，二十一歲的馬男跟著六十多歲的田姓爺爺帶著獵槍、鐮刀摸黑出門，祖孫多年前從南投仁愛鄉武界部落舉家搬到埔里，仍不時會回到武界打獵。淡淡的上弦月光灑落兩人肩頭，即使被黑幕緊緊包圍，從小就跟布農族爺爺、叔叔上山打獵的馬男對這條上山的路再熟悉不過。腳程快的他走在前頭，暗夜中只剩兩人的呼吸聲與腳步聲規律交錯著。

8 林業及自然保育署，《一隻台灣黑熊之死：711/568的人間記事》，YouTube。

他們沒有想到，這看似尋常的一晚不僅改變了他們往後的人生，更對台灣黑熊保育產生深遠的影響。

清晨五點，兩人前往先前設置山豬吊的獵徑巡視。在將亮未亮的天色下，走在前面的馬男發現有一黑色的龐然大物背對著他，等田男走近一看，赫然發現是台灣黑熊，牠的右前肢誤中山豬吊、以坐姿背對兩人。田男雖是老獵人，但一輩子沒碰過黑熊，慌了手腳。

這時，田男把手中的自製獵槍交給孫子，但馬男知道黑熊是保育類動物，不能隨便射殺，遲遲不敢開槍。他想起在金門服役的叔叔，便把黑熊的照片及影片透過LINE傳給叔叔，用視訊通話方式詢問該怎麼處理。

「打死，丟到樹林裡面。」

「丟遠一點。」

顯然馬姓叔叔也認爲他們惹了大麻煩，在LINE對話中留下了這兩道指示。馬男在爺爺的催促之下先朝著黑熊開了兩槍，黑熊因此跌落三十公尺溪溝，重傷掙扎，田男再補上一槍，確定牠氣絕之後，兩人合力把黑熊搬到距離溪溝三十公尺處挖洞掩埋。這時，祖孫發現黑熊脖子上掛有頸圈，以為是有人養的，擔心洩漏黑熊行蹤，便用鐮刀取下項圈、破壞後，丟到二公里外的林區，最後兩人頭也不回地狂奔下山。事件曝光後，祖孫仨主動向警方自首。

當檢方公布調查結果，網路上立刻出現排山倒海的罵聲，要求嚴懲獵人，更質疑原住民狩獵文化早該廢除。過往，保育機關遭遇類似情況，通常會嚴厲譴責並表態會建議法院從重量刑。不過，這次主責的林保署卻沒有過去的制式反應，既沒有譴責獵人，也沒有要求司法重懲，更引來部分人士的批判。

「為什麼你們的反應這麼『平靜』？」其實，一開始林保署內相關人員得知死訊，都非常憤慨，包括署長林華慶在內。「五六八二次野放是我拍板的，當獲知牠竟然被害時，除了難過，更多的是憤怒，我在心裡詛咒幹下這件事的人，也聯想有可能是商業狩獵，但獵人發現牠配戴衛星發報器，才毀屍滅跡。」不過，隨著檢方的調查資訊愈來愈多，他原本氣憤的心情卻出現轉變。

「看到偵查報告，我的腦海裡浮現一個畫面，一個老人家帶著年輕人學習狩獵技能，這是我所認知原住民族很典型的狩獵文化傳承方式，這也是我們這幾年在推動原住民狩獵自主管理時，最希望部落能回復的傳統。」林華慶觀察，現在部落的年輕人多在都會工作或求學，假日才回到部落，也因現代教育的影響，不像過去會聽從老人家的話，甚至覺得老人家講的傳統禁忌都是迷信。有些部落年輕人假日回去也會狩獵，「但老實說並沒有遵守或根本不知道狩獵的傳統禁忌」，這些被稱為「假日獵人」的年輕人，他們會打獵、有原民血統，但沒有完整的原民文化薰陶。

然而，原住民狩獵文化的斷鏈與失落，背後有多重原因。山林原是原住民賴以生活的大部分，但原住民族並沒有土地私有化的概念，認為人只是替上天管理土地的。一八九五年日本政府來台後，總督府頒布《日令二十六號》，凡是沒有地契證明的山林都收歸國有。國民政府來台後頒布的《森林法》，也延續日本殖民政府的精神，除了完全接收殖民時期的國有森林，更嚴格規定凡是在國有林地上的一草一木一石，都屬國家所有。

如此一來，原本在其上生活的原住民族完全被排除在外，原住民依循過往的生活方式使用山林資源，卻成了竊取國家財產的小偷：包括泰雅族男子在傳統領域葬母、司馬庫斯部落族人將風倒櫸木運回部落都因此吃上官司，不少人甚至成爲階下囚。

而台灣經濟起飛後，「山產店」林立，資本主義入山帶動原住民大量商業獵捕，山林開發又大行其道，是台灣曾走過的黑暗時代。一九八九年政府訂定《野生動物保育法》，原住民傳統狩獵的物種除了山豬與飛鼠，其他都被列爲保育類野生動物，全面禁獵，也嚴格限制一般的狩獵行爲。此舉雖然有當時的時空背景，卻完全沒考量原住民族使用自然資源的慣習與權利，也沒有立法的緩衝期，形同在原住民族與山林之間築起另一道法律高牆，加速原民山林文化的崩解。

「《野保法》根本沒有預想原住民的狩獵需求，只是站在主管機關角度，想著我要達到什麼樣的政策目的，完全沒有評估受法律規範的這些人實際上有沒有可能遵守。」一位長期關注原住民文化的法律系教授有深刻的觀察。

該教授表示，《野保法》的精神原則是不准狩獵，只是後來被逼著修法，在二十一之一條有兩個特殊狀況可例外開放，僅在基於其傳統文化、祭儀才可狩獵，就連平時非營利的自用也不可以。更在子法中訂了非常嚴格的管理辦法，採取事前申請制，更要塡寫非常繁瑣的資料，包括詳細的人、時、地，還有狩獵的動物種類與數量。

來自新竹尖石泰雅族的政大民族學系系主任官大偉說，因爲山林被國有化，原住民一旦進入使用就會變成竊盜國家的財產，久而久之原住民就變成「小偷」，過去的文化實踐變成偸偸摸摸、被汙名化，這使得原住民與原本生活的領域疏離，更因此產生「可以多拿就多拿」的心態，這種因爲疏離而產生的扭曲關係才該令人擔心。

一名法律系教授也說，如此嚴苛且完全背離原住民傳統文化的法規，最後就變成「表面上規定是一套，實際上原住民做的又是另一套」。大家索性不遵守，就是所謂的「嚴官府出厚賊」，警察當然也心知肚明。大家平常相安無事，等警察需要業績時，原住民違法打獵就會被當成提款機，「看誰倒楣，時間的巨輪就轉到了王光祿」。

二〇一三年，台東布農族獵人王光祿因高齡母親吃不慣市場豬肉，因此持獵槍上山獵捕長鬃山羊、山羌，遭警方查獲。後來檢方依違反《槍砲彈藥刀械管制條例》與《野保法》起訴。王光祿承認上述行爲，但自認並沒有違法，因爲狩獵文化本來就是原住民重要傳統。

王光祿後來被法院判決三年六個月定讞，引起原民團體抗議、聲援。在發監服刑前夕，檢察總長顏大和提起非常上訴，最高法院後來裁定停止審判並聲請釋憲。二〇二一年五月七日大法官會議宣告，《槍砲彈藥刀械許可及管理辦法》，要求原住民使用自製獵槍狩獵，合憲；但對自製獵槍的相關規範不足，違憲，其案件應由最高法院續審。

不過，釋憲結果並未為王光祿案解套，隨後蔡英文總統考量王光祿狩獵是為供罹病的家人食用，狩獵自用也為原住民傳統文化之範疇，為表達對原住民族傳統的尊重，促進族群主流化發展，於當年五二〇宣布特赦王光祿，免除其刑。

王光祿雖免入獄，但罪名仍在，他堅持狩獵無罪，否則難以將文化傳承給下一代，長期協助他的法扶中心律師團也認為，應藉由上訴進一步釐清原住民族狩獵權。歷經三任檢察總長替王光祿提非常上訴，二〇二四年三月十四日，最高法院撤銷有罪判決，改判王光祿無罪確定，漫長的十一年訴訟之路終於畫下句點。

獵人原是部落英雄，在現代社會卻成了犯罪狗熊，王光祿案即是原住民文化權與現代法令衝突碰撞下的典型案例。「這個法怎麼想都很荒謬，一個多元族群的國家，卻完全不管你的生活文化是什麼，想像如果有一天，原住民反過來規範漢人不准燒香拜拜，或是要事先申請，也不准迓媽祖，[9]漢人會不會反抗？」一名法律學者認爲，這是文化衝突的問題，《野保法》根本已經牴觸《憲法》，制度失靈下也讓法律成了具文[10]。嚴格限制的結果，除了讓原住民狩獵轉爲地下化，不僅文化傳承斷鏈，更導致山林從此失去原住民的守護。因爲山林是國家的，原住民自然也不會在乎山林裡發生了什麼事，包括盜伐或濫捕等。

森林法與野保法猶如兩把利刃，徹底切斷原住民與山林的親密關係。族人與執法的林保署衝突不斷，原住民口中的「林先生」，指的不僅是林保署，更是邪惡的代名詞。

除了法令剝奪狩獵權，另一方面，主流社會也欠缺對原住民文化的理解，多數人將狩獵與殘忍、野蠻畫上等號，質疑生活在現代社會爲何還要吃野外獵捕的食物？也使得動保團體與原民團體多年對峙。還曾因

9 迓媽祖：迓，迎接；迎媽祖，指媽祖繞境。

10 具文：徒有形式，無實際作用之文字。

此發生南投布農族舉辦射耳祭，爲顧及「社會觀瞻」，讓族人背著無尾熊布偶取代獵物進行祭儀，畫面突兀。

因爲喪失文化傳承的自主規制，自然產生脫序現象。鄒族學者出身的監委浦忠成就有深刻體悟，他曾在阿里山公路看到有部落年輕人沿途打飛鼠，他停下車詢問，對方振振有詞地說：「阿里山是我的土地，爲什麼不能打？」浦忠成當場要求看他的獵人證，「整個規矩都不對了。」他說，現在大家努力從神話、長輩的智慧中找回規範、恢復狩獵文化，「偏偏出了很多豬隊友」，但「這是因爲過去狩獵被當成小偷，小偷會有好行爲嗎？」

也因狩獵文化長期遭到汙名化、見不得光，加上主流社會時有禁用金屬套索呼籲，讓布農族祖孫獵人發現使用山豬吊誤捕五六八時，當下產生「犯罪」的直覺連結，進而採取滅證的激烈手段。

五六八的死，看似是幾個陰錯陽差的偶然聚合，但仔細爬梳背後的脈絡，可以發現，這起悲劇是幾道「不理解」高牆下的必然結果。這當中有漢人對原住民狩獵文化的不理解、都會居民對山村居民生活需求的不理解，加上原住民對於政府的不信任及政策不理解，不知道也不相信誤捕黑熊，只須通報政府即可免責。

「當我想到這裡時，心情從原本的極端憤怒轉為深深的自責，我怪我們自己做得不夠多，跟多數部落欠缺互動與互信關係，宣導速度也太慢。」林華慶心境的轉折，對林保署後續推動黑熊保育工作產生了關鍵影響。

第六章

我們都是加害人

其實，心情從憤怒轉爲反思的，還包括從頭到尾參與五六八救援及野放、追蹤的姜博仁與郭彥仁（郭熊）。姜博仁說，他幾次看到五六八，幾乎都是牠被人們抬著出來，然後又抬著進去，他只是在牠麻醉與健檢過程中幫牠掛上與設定追蹤頸圈，但他也被牠坎坷的命運以及一路返家的決心感動。只是，集合這麼多人的力量與祝福，如此辛苦救援下的黑熊，最後竟以如此結局收場。

「聽到現場工作夥伴通知的當下，非常難過，連╳[11]都罵出來了，時間一度好像停止了，那種感覺，如同一起努力的現場夥伴所說的，感覺像是一位認識很久的人走了。」但在冷靜過後，他從報導得知，五六八屍體完整，並沒有被取下熊掌或其他器官，如果刻意要殺熊，又為何不帶走，只是埋起來？這似乎跟過去商業獵捕情況不同。他於是開始想：會不會是某些人因為打獵或是上山務農而誤獵？「或許他們當下是驚慌的，不知道該怎麼辦，害怕有刑責，然後把熊埋起來，把頸圈破壞或丟棄遠方。」[12]

等到警方查出來凶手是一對布農族獵人祖孫，檢方的調查更印證了姜博仁第一時間的推測。此時，對五六八有著深厚感情的姜博仁，心情更加矛盾了。過去長期從事野生動物調查，姜博仁對於原住民的處遇及狩獵文化有高度理解。因此，他在臉書寫下長文，呼籲大家在憤怒之餘不要急著獵巫，要想想這件事前後的脈絡。在文章的最後，他寫道：

11 編注：代指髒話。
12 姜博仁臉書，二〇二二年五月十一日。

這次東卯黑熊事件，一開始令人傷心甚至生氣，但是是一開始直覺反應的殺熊那樣嗎？是否不要先讓情緒和成見占據，慢一點，不要急著獵巫，思考一下前後的脈絡呢？是否日常的山林活動遇到了熊？若是誤獵為什麼不敢通報？往後要如何避免誤獵？原住民與政府的信任被打破之後，需要怎樣的努力才可以修復？

現在《狩獵管理辦法》要修法，嘗試往「在地保育，自主管理」的方向走。我相信，只有讓部落再度與山連在一起，也就是「狩獵自主管理」，山才會是家，當行走呼吸與山的脈動一起，或許，就說這是山之呼吸吧，也才能與山融為一體，那種溪流就是血脈，稜線就是肌理，心就是山。住民有對土地的連結與感情，自己的家才會珍惜，自然就可以減少這類誤獵的發生；受到尊重，也才會促進積極通報的心態。對於每一個生命的拿取，也變成了一件跟自己有關的嚴肅行為。

當今狩獵雖然有些亂象，但不該是禁止的理由，現在進行中的許多原民狩獵自主管理試辦計畫正在慢慢的往好的方向走，也唯有真正的面對，真正的管理，以及真正的尊重，才可以導正往前走。真正處理這些問題，對狩獵賦予文化內涵，和更多連結土地的作為，而不是只有幾行冷冰冰的禁止文字。我們從不希望我們的社會是一個怕這怕那、什麼都禁止的世界。

東卯山黑熊結局是令人難過的，但是，我們要可以從歷史中反省與學習，才會有成長，對於黑熊保育是如此，對於原民狩獵長期的不正義的修復，亦該如此。

要有勇氣往前走，並做出改變，這是東卯黑熊要告訴我們的一件事。[13]

姜博仁告訴我，五六八被殺後，社會對於狩獵及部落有撻伐的壓力，他才會在臉書寫下那篇文章。姜博仁說，他很疼惜這隻熊，但也沒有

13 姜博仁臉書，二〇二二年五月十一日。

刻意怪罪射殺熊的獵人，他看到獵人阿公的證詞，並不是眞的想殺熊，因爲那是阿公固定狩獵的地方，他希望槍殺熊的獵人能夠被同理，因爲「事件發生後，不只是獵人，連武界都承受了很大的壓力」。

「他們當下會獵殺黑熊，我們也可能是促成這件事的一分子。」姜博仁自省，因爲我們沒有做到讓他們知道誤捕可以通報，「他們（獵人）某方面也是受害者。」這是社會對於狩獵文化存在壓迫跟不正義造成的。早年他開始賞鳥時，也對狩獵很反感，直到他開始接觸部落，有了不一樣的想法。他觀察，因爲原民社會不被主流社會同理、正確看待，導致他們被誤解跟汙名化，「但主流社會不能因爲這是政府政策就認爲跟我無關，大家都是這個結構的一分子，」如果對這些弱勢族群有愧疚，就可以做得更多，並做好配套措施。

而一路追蹤、參與野放五六八的郭熊，更在發現五六八屍體的第一時間情緒潰堤。郭熊因爲從事黑熊保育，因緣際會認識了花蓮玉里的布農族人，開始走入山林，二〇二二年出版書籍《走進布農的山》，記錄他行走山林與部落的故事，是山林界小有名氣的KOL（Key Opinion Leader，關鍵意見領袖）。熟悉布農族文化的他，更被形容有雙布農的眼睛。

親手挖出五六八屍體的郭熊當下既傷心又憤怒，直到後來檢警重回案發現場，他、台中分署護管員與獵人祖孫分別以「受害方」與「加害者」身分參與調查，調查告一段落後，雙方分別站在產業道路兩側、涇渭分明。但當他看到獵人阿公安靜地坐在路邊，就像他在部落看到的阿公一樣，那一幕觸動了他，內心某個堅硬的角落瞬間崩解。他告訴我：「一切都是巧合。」

從五六八第一次中陷阱到最後遭殺害，跟台中分署原本就有合作關係的生態導演顏妏如全程跟拍，但一開始顏妏如並沒有想拍攝紀錄片的打算，其實只是單純想記錄。直到五六八被殺，顏妏如同樣也反覆思考：這一路上沒有人要刻意傷害五六八，每個人都發揮自己的專業努力保全這隻黑熊，最終卻是這樣的結果，「到底發生了什麼事？」網路上也出現分歧的聲音，也有一些情緒性的發言，她認爲對參與其中的人不公平。在五六八遇害後半年，二〇二二年十二月，她也將這些記錄長達一年半的影像剪輯成《一隻台灣黑熊之死：711/568的人間記事》紀錄片。

這部片沒有以劇情片或是紀錄片希望的「張力」呈現，也沒有強調「善有善報、惡有惡報」，而是用上帝的全視角描述事發經過、事後迴盪，當中沒有批判、指責，單純呈現五六八生命歷程。

「你怎麼會反其道而行？」

採訪她時，這是我最大的好奇。

「我的初衷不是要判定對錯，而是下一次我們能不能做得更好？」顏妏如說，她打從一開始就不希望把這部紀錄片變成製造對立的片子，後來林保署決定剪成紀錄片，與她溝通走向時，雙方想法竟一拍即合。

顏妏如說，她也很慶幸這部片不是商業片，可以用公正跟原始的面貌去面對，「因爲我們不是當事者，不知道他（獵人）開那一槍的心情。」這部片要強調的不是對立，而是讓每個人的初心都得以彰顯，大家都很努力地在做好保育黑熊這件事。

因此，除了影片前半段的過程記錄，在五六八死後，顏妏如選擇以「回眸」的方式，一一回頭去訪問所有遇過五六八的人，聽聽在不同環節參與此事的人如何看待這件事，也包括最後五六八遭殺害的武界部落。她說，這起事件中，沒有人是壞人，尤其是事後背負非常大壓力、成爲衆矢之的的武界部落。她知道武界部落並沒有傷害五六八的本意，因此她認爲「一定要有部落的聲音」，她想知道五六八在進入武界後遇到了什麼事，一直積極設法找到武界部落的關鍵人物，也就是部落所在的南投信義鄉法治村村長葉阿良，「如果沒有找到村長，武界會背負汙名」──「非找到他不可。」顏妏如在心底這樣告訴自己。

只是，顏妏如剛開始尋人並不順利，即使透過林保署及在地的南投分署埔里工作站，也沒有村長的聯繫方式，對方完全處於失聯狀態，試圖透過與村長有互動的郭熊，也多次無功而返。就在顏妏如幾乎快要放棄的時候，拍攝團隊與郭熊重回當初發現五六八屍體的現場拍攝，拍攝告一段落後，顏妏如向郭熊提及一直聯繫不上村長的缺憾，這時，郭熊提議：「要不要去村子裡問問看？」由於村子就在埋屍處的山腳下，拍攝團隊便決定去堵堵（賭賭）看。

拍攝團隊到了村辦公室，卻杳無一人，但是桌面上貼有村長的手機號碼，顏妏如試撥，葉阿良馬上就接起手機，但一聽到來意立刻拒絕，擔心拍攝團隊要來問有關凶手的事。顏妏如再三向他保證，只是想問在五六八進入武界當天的防熊宣導，「眞的只問這件事嗎？」葉阿良顯然已成驚弓之鳥。

原來，警方宣布破案時，葉阿良的手機立刻被媒體的來電塞爆，大家都想從他的口中探詢開槍獵人的背景，但葉阿良認爲當時檢調還在偵查中，他並不適合替當事人發言，更不能因爲他的村長身分就透露獵人的背景。顏妏如說，其實葉阿良見到拍攝團隊當下還是很緊張，但她告訴他，「你做得很不錯」，也請他不用擔心拍攝內容，但他依舊不放心地再次確認「只問這個吧」？

顏妏如說，五月五日追蹤團隊發現五六八進入武界部落時，就立刻透過埔里工作站通知葉阿良，他也非常配合，當天下午就分別用國語跟族語向全村廣播，提醒村民有一隻黑熊已經進入了檢查哨的位置，要大家暫時收起陷阱，晚上也不要隨便出門，同時避免跟黑熊面對面衝突。部落居民很快都得知此事，但由於武界部落幾乎不曾出現過黑熊，大家也不知道該怎麼做，於是葉阿良隔天又再廣播了一次。只是黑熊移動的速度快，來不及阻止悲劇。

顏妏如說，五六八遇害後，曾有人質疑林保署在黑熊進入武界後反應慢半拍，才會導致五六八遭到槍殺。她最後找到了葉阿良回溯當時的場景，讓武界部落有機會發聲，不只有一面倒的聲音，也還了林保署清白。回想找到關鍵人物葉阿良的過程，顏妏如說，其實當天她只是為了拍攝郭熊發現五六八屍體的過程，這部分也已結束，只是一直缺了村長這塊最後的拼圖，沒想到最後居然能幸運找到村長，「一切都是緣分，是五六八幫我們找到了村長」，讓她不致落入偏頗式的記錄，也是顏妏如回顧拍攝紀錄片長達兩年多的歷程中最感慶幸之處。

但即使補足了不同的聲音，這部片子放上 YouTube 後，影片底下的留言絕大多數都是在譴責獵人，並要求林保署要嚴懲。

第七章

鑰匙在哪裡？

五六八最後的結局令人悲傷，但我不斷思索幾個問題：這究竟是不是一件可以預防的事？牠的死，對台灣的黑熊保育產生了什麼樣的影響？更重要的是，要降低人熊衝突，打開困局的鑰匙又在哪裡？

姜博仁認爲，這幾年林保署推動原住民狩獵自主管理計畫，透過與在地獵人認識、接觸，讓他們知道狩獵文化是一個能被同理、被尊重的活動，他們才願意通報，且相信「即使我誤殺或誤捕黑熊，我通報也不會有刑責」，如果當時在武界已經推動狩獵自主管理計畫，且整個社會氛圍已經理解，甚至在制度面不再認爲（狩獵）是有罪的行爲，「不敢說百分之百，但比較能夠預防」。

「如果獵人知道也相信在發現誤捕黑熊時立刻通報就不會受罰，五六八就能逃過死劫。」林華慶自省，但這需要獵人對政府有完全的信任，以及主流社會對原住民狩獵傳統的理解與包容，「顯然我們要努力的還很多」。[14]狩獵自主管理是什麼？為何要降低人熊衝突事件，最後可能的解方卻還是要回到獵人身上？黑熊與獵人這兩者看似衝突對立的角色，又是如何透過狩獵自主管理可以達到「保護」黑熊的作用？

《野保法》與原住民狩獵傳統的拉扯，第一個面臨衝突的就是主管保育與山林的林保署。從二〇一六年開始，一群跨校際的學者想找出雙贏的辦法，他們認為，現行的做法，站在自然資源管理角度是不對的，但過去政府長期以來的大漢人主義，使得原住民被打壓，根本也不相信政府，在互信不足情況下要合作，確實不容易。

其實，這樣的想法不止在民間，當時甫上任林保署前身——林務局局長不久的林華慶也抱持相同的想法，他除了想扭轉原住民與國家間長久以來的對立關係，更希望藉此進一步達到保育的成效。在林華慶上任後的隔年，二〇一七年，林保署開始在全台部落推動「原住民狩獵自主管理試辦計畫」，由部落建立獵人組織，扮演起政府與獵人之間的橋梁。

對內，經由獵人共識，形成自治自律的狩獵自主管理公約。對外則是由獵人組織與輔導團隊共同向主管機關提出年度狩獵申請，以一次申請全年度狩獵需求方式，計畫結束後回報全年狩獵物種，簡化逐次申請的繁瑣。同時，各分署也請族人負責協助建立野生動物科學監測並有回報義務，如此一來，既可填補多年來野外族群監測調查的空窗，狩獵量與種類也能有獵場監測科學監測作爲基礎[15]。「其實原住民要的就是一個尊重。」一位參與狩獵自主計畫的學者表示，狩獵自主管理計畫主要的精神跟做法，就是希望尊重原住民，請他們組一個自主管理團體，從被動轉成主動，「你們（原住民）就是主體，山林就是你們來管，心態就不一

14 林業及自然保育署，《一隻台灣黑熊之死：711/568 的人間記事》，YouTube。
15 林業及自然保育署，〈原住民族狩獵自主管理　發展現況與展望〉，《台灣林業》四十七卷五期。

樣了。」至於要怎麼管理、如果不遵守要怎麼辦等都要一一明文寫出來，形成自治自律公約，「這就是一個『交換』，你做到法律要的，我們給你們要的，不是不讓你用，而是要永續，就是互利互換。」

但推動狩獵自主管理，政府要取得信任的不光是部落，對狩獵文化普遍不了解也不認同的主流社會更是一道高牆。

「不只要跟原住民『交換』，還要設法說服絕大多數並不相信狩獵如何與生態平衡的主流社會，尤其動保團體會質疑：怎麼不會打光光？怎麼知道打出來的數量是OK的，又是一個死結。」該學者說，狩獵自主管理計畫另一個重要的機制就是「監測」，台灣地形太崎嶇，無法全面普查野生動物數量，但可以透過架設在野外的紅外線自動照相機，當有動物經過，包括山羌、水鹿、山豬……等，就會自動感應拍照。

該學者說，藉由定期且固定一段時間的監測，雖然無法知道總數，但可以看出趨勢，「例如：三個月可以拍到五十隻山羌，現在變成十隻，」如果發現數量變少就不打。舉例來說，加入狩獵自主計畫的屏東來義鄉二〇二一年監測到飛鼠數量變少了，隔年一整年就不打飛鼠，還幫忙蓋巢箱，發現「數量就回來」，透過科學化的監測，作爲跟主流社會「交換」同意狩獵自主計畫的條件。

推動至二〇二四年五月，全台已有二十一個獵人組織，共計八十三個部落參與狩獵自主管理。如今，各獵人組織間更組成全台性的獵人協會，定期舉辦年度獵人大會，由不同獵人組織主辦，例如：二〇二一年在屏東來義鄉舉辦，二〇二二年在宜蘭南澳鄉，二〇二三年則是在南投信義鄉，來自全台不同的部落與族群獵人齊聚一堂，交流彼此間推動狩獵自主的心得與遭遇的問題，也包括狩獵資訊與技術。不只獵人參與，林保署各分署也都會派員參加，聽取意見作爲政策調整參考。「只要時間能配合，我幾乎每年都會參加。」林華慶說。

「狩獵自主管理計畫能解決人熊衝突嗎？」「問題不在能不能解決，而是現在拓展得太少，」參與推動狩獵自主管理的學者說，這二十一個加入狩獵自主管理的組織都是第一線很重要的執行單位，其實他們需要定期回報，也要協助還要監測，政府的干預強度並沒有很低，但因爲政府尊重、變成山林的主體，心態眞的會不一樣，「自己的東西就會在乎」，當他們與土地有了連結，就會在意獵場、希望它水草豐美，有助於野生動物的保育，「這就跟房子是不是你的一樣，照顧起來的心情就是不一樣」。

官大偉則是認爲如果要「保護」山林，應該是一個國家與原住民眞正「共管」的機制，達成國家與原住民的和解。現在一般原住民的狩獵要事先申請，須載明要打那些動物、打幾隻，這是物種管理的概念，但這跟原住民狩獵是從棲地及行爲管理不一樣，他們看的是「什麼地方可以打，什麼地方不可以」。

官大偉認爲，原住民的人地關係還有豐富的生態哲學與智識如果能夠眞正實踐到共管機制，在法律制度上予以肯認，他相信若能結合原住民社會組織與山林智識並予以實踐，就能達到生態的永續。他也說，若是一味的禁絕，只會造成國家法令無法執行，因爲森林與動物資源都是處於動態的狀態——動物會移動、森林很遼闊，政府在管理上要付出很大的成本，若有在地參與，包括知識與人力，才能達到很好的效果。

雖然現階段在官大偉看來離真正的「共管」還有進步的空間，但相較過去的山林國家化，政府現在正一步步鬆綁國家長期對於原住民使用山林資源的限制。他也肯定，面對國家與原住民的和解，過去八年來，「林保署是走得很前面」，包括森林採集要點的制定等，都比過去有很大的進步。

另一方面，官大偉說，現在發生人熊衝突或是人獸衝突，多半是因爲產生農作物的災損，野生動物持續跑到部落覓食，影響原住民的生計，因此必須設置陷阱，才會屢屢發生黑熊誤中套索的事件，其中一個原因也是山林國有化，只保留下零星的原住民保留地，且也是很晚近的事，因此大多用來從事農業。他說，其實生計活動跟森林結合，農業只是一部分，森林調查也可能成爲生計的一部分，當生計多樣性後，自然也能降低人獸衝突的機率。

對「獵人」一詞，外界多數認爲其帶有負面意涵。但學者強調，獵人不是只有在打獵，而且其實他們不叫獵人，是「管理山林的人」，因爲他們不是主動的「獵」，而是「拿」；能拿到什麼獵物是上天給予的，是命定論，這也是一種保育觀念——不會強拿，拿不到也不會拿，符合永續的概念，「他們才是眞正站在土地上呼吸的人」。

官大偉說，原住民對於土地是負有照顧、經營管理的做法，部落負擔起資源利用與照顧的責任，因此不會竭澤而漁，跟土地有親密關係的族人，一定會保育棲地與生態。

「過去原住民倚賴山林，但政府的《森林法》、《野保法》雖是爲了保護山林而限制原住民對自然資源的利用，卻因此割裂了部落對山林的倚賴，這不但違反《生物多樣性公約》的精神；欠缺居住在山林第一線原住民的共同守護，山林也沒能保護得更好。因此我們要調整政策修訂法規，重新縫合原住民族與山林間的親密關係，原住民會攜手政府，而且比政府更加用力保護山林。」林華慶談到他推動狩獵自主管理政策的初衷。

推動部落狩獵自主管理、恢復狩獵文化，除了從有利保育推動的「利他」層面，更是實踐文化權的重要一環。學者說，狩獵不只是去山上「拿」東西，包括必須知道哪裡是傳統領域、又要如何到達、獵場有哪些動物，「如果沒有老人帶過你，要怎麼知道？」因此在打獵之前，原住民必須了解自己的文化與歷史，並且訓練自身體能。

官大偉則是分享一段他在課堂上的故事。他有學生是烏來泰雅族，過去烏來曾歷經大山產時代，後來當地原住民重新進行自己的獵場管理、制定新規範，也在當地有新的文化實踐。

當時這名學生在課堂上進行狩獵文化相關報告，有一位漢人學生問他：你們上山打獵是狩獵，我去全聯買肉也是狩獵，你們為何不去全聯買肉就好？泰雅族學生回答說，他們狩獵，抓到獵物時想到的是：前腿要分給鄰居、後腿要分給阿姨，對他而言，獵物不只是蛋白質的來源，而是承載著社會關係、維持社會連結，「你在全聯買肉時會想到這些嗎？」他這樣反問漢人同學，因為對他們而言，狩獵是一種分享的概念。

「我覺得我這學生的舉例還滿貼切的。」官大偉迄今仍印象深刻。

「原住民上山就是帶一把獵刀、一把鹽，但你有聽過原住民遇到山難嗎？」學者說，因爲原住民有千百年發展出的山林智識，知道在山林裡哪些是可食用植物、哪裡有水源，遇到危急時又是如何避難，「不讓他打獵怎麼傳承？不是要讓他斷根了嗎？」他認爲，狩獵文化對原住民最重要的意涵是，藉由實踐的過程「認識我是誰」，讓原住民找回主體性。

第八章

終於敢作夢了

這幾年，在推動狩獵自主管理之下，部落有什麼改變？位在花蓮富里鄉的阿美族吉拉米代部落，是第一批加入狩獵自主管理的示範部落之一，部落主席Kokoy（陳建廣）扮演了關鍵角色。才四十出頭的Kokoy的生命軌跡跟很多部落年輕人一樣，早早離開故鄉到都市打拚，在桃園機場擔任外包工作，幾年前為了照顧年邁父母，他帶著妻小從都會回到部落，也改變了部落。

原住民長期與政府關係緊繃，也缺乏信任關係，因此二〇一七年林保署開始推動狩獵自主管理計畫時，多數部落都是觀望的態度，包括吉拉米代族人在內，都擔心林保署此舉是否是意在「引蛇出洞」？我好奇地問 Kokoy，當時在族人的高度疑慮中，他怎麼有信心獨排衆議加入「林先生」發起的「狩獵自主管理計畫」？不擔心被「騙」嗎？

Kokoy 說，當時有學者在部落推廣部落狩獵自主管理，部落對於政府確實都是不信任，而政府過去對原住民也沒有太多善意，不過他知道（林保署）署長的定調不一樣，認爲應該多跟在地合作，因爲森林本來就是他們居住的區域；加上「禮山人企業社」計畫主持人、在地部落年輕階層藍姆路也回部落輔導，透過在地陪伴與學術監測，他知道狩獵自主管理是怎麼一回事，第一時間就決定加入，而背後的動機是他親身感受到傳統文化被壓抑的痛苦。

「過去狩獵好像做錯事一樣，不能跟別人說，只能偷偷摸摸，好像犯罪。」Kokoy 說，他從小跟著父祖輩上山打獵，在都市生活的那些年，他也時常在回味、想念以前上山打獵的記憶，因爲狩獵也是祖先給他們文化傳承的一部分，但有些動物保護團體會認爲這些動物都好好的，爲何需要狩獵？認爲狩獵是野蠻落伍。但狩獵之於原住民並非只有「打獵」，背後隱含深遠的意義。

Kokoy 說，在部落的傳統文化中，如果有人親人過世，早期家裡辦喪事的人不能出外採買，親友會替他們帶肉、菜，若是打獵有打到，就拿到喪家去，或是有人家裡有喜事，怕喜宴肉不夠，部落獵人也會把獵物帶過去，「並不是爲了打獵而打獵，而是一種分享的概念，而且也能做到生態平衡」。

他說，狩獵文化需要傳承，是要親自上山去隨機應變、從做中學，不是靠嘴巴講講，但過去因爲狩獵被當成罪惡，以前小時候他也不敢問大人，部落的人也只會教自家小孩，「但其實也都不敢講，怕小孩出去講錯話，大人會被抓」，然而沒有實作就沒有傳承。自從加入狩獵自主管理後，「狩獵變得正正當當、光明磊落，慢慢地，大家自信都出來了。」說到這，Kokoy 眼睛綻出光芒。後來他還四處去參加獵人大會，分享經驗並與其他各族群的獵人交流。

吉拉米代在二〇一八年加入狩獵自主管理計畫後，Kokoy 親眼見證部落的轉變。他說，加入後部落最大的改變，是大家會開始互通訊息，狩獵不再是禁忌，大人開始放得開了，不再擔心東擔心西，可以暢所欲言，慢慢地把狩獵文化傳承給孩子，小朋友也愈來愈了解生態與森林，知道自己的部落是什麼樣子，山林教育也有了，部落不是只有豐年祭，「小孩子只知道我們會唱歌跳舞，現在明白原來我們也有狩獵」。

加入狩獵自主管理計畫的第二年，吉拉米代更舉辦阿美族全台首次集體由部落自主管理組織頒發獵人證及宣示傳統領域儀式，展現自主自治的精神。在林保署花蓮分署前身花蓮林管處的見證下，部落當時發出了二十五張獵人證，編號一的獵人證由陳連福耆老頒給陳金福頭目，特別具有狩獵文化傳承的意義。Kokoy 也拿到了獵人證，他表示，拿到獵人證後，代表也要服從獵人公約。陳金福、豐南村陳正雄村長及文化協會總幹事莫言均表示，未來請各獵人碰到困難或獵物都要回報，以落實資源管理的永續。[16] 因爲狩獵不再是偷偷摸摸，Kokoy 說，部落族人也比較敢分享，他們原本不會注意山林有什麼狀況，現在「會比較在乎」，因爲大家狩獵前會互相打招呼，如果有陌生人出現，大家會問「他是誰？」也會隨時通報山裡的狀況，包括哪邊有山崩不要靠近，還會相互提醒「你的槍不好要改良，或是沒有申請趕快去申請」。

他說，共管的觀念是自主狩獵，有權利但也有責任。過去部落沒有公權力，所有人都可以自由進出，現在在共管的機制下，部落可以有一些管制的手段，看到陌生人出現會問「請問你們來這邊幹什麼？」產生嚇阻的作用。他說，部落的警力也不足，但因爲政府有下放權力，他們有協助政府抓到盜獵者，而他們也會監督獵人，包括動物懷孕或是交配期不能狩獵。

如今再回頭看，「當初加入是對的」，Kokoy 毫不遲疑地說，他希望更多部落都能去申請加入，更希望這個政策不要因爲改朝換代而改變。

16 林保署花蓮分署，〈吉拉米代部落狩獵自主管理頒發獵人證暨傳統領域宣示典禮〉，二〇一九年七月三十一日。

「你會帶著小孩去打獵嗎？」

「當然！」Kokoy說，他會帶著兩個現在分別十三、十二歲的孩子上山狩獵，因爲「沒有實作就沒有傳承」，他希望狩獵文化能夠在他手中一代一代地傳承下去。

離開了吉拉米代，沿著台九線一路往南，六月的花東縱谷，一片片稻浪翻飛，沿著公路兩旁宛如無邊畫布，看不到盡頭。經過了一個半小時車程，來到台東海端鄉崁頂村，這裡是布農族八部合音被發現的地方，雖然海拔不高，但因爲附近紅石林道林相豐富，也是黑熊出沒熱區。

二〇二〇年十二月十日，布農族人周瑞金在自家工寮附近發現一隻黑熊右前肢中套索，緊急通報林保署台東分署，後來黑熊被送往屏科大治療，進行全身電腦斷層掃描，還被發現身上竟有三處槍傷，由於右前肢傷口潰爛壞死，只好截肢切除。這隻崁頂小熊在悉心的醫療及照養下恢復良好，後來以周瑞金布農族名Umas命名，經過三百多天治療照養後，於二〇二一年八月十五日野放，野放地點就在紅石林道深處。野放當天，台東分署邀請崁頂村長邱守常、部落耆老胡博成及當初通報救援的周瑞金為Umas祈福，Umas在族人的祝福下重回山林。崁頂黑熊事件後，林保署台東分署開始強化與部落互動。

二〇二二年六月十一日，在獵人鳴槍儀式與頭目的祝禱下，台東縣崁頂村傳統狩獵文化生態永續發展協會正式成立，正式加入狩獵自主管理計畫，這也是台東首個獵人組織。被族人稱為「後山」的紅石林道是崁頂與紅石兩部落共同狩獵區，協會成員也多是來自兩部落的布農族獵人。

或許是長年在山林暗夜中尋找獵物的訓練，協會理事長Biung（韋文德）臉龐削瘦，卻目光炯炯。他說，狩獵是他們生活中的一部分，他從小就被帶到山上，由大人帶著他們慢慢學習、累積經驗，教他們如何從動物的眼睛分辨物種與大小，還有如果在山上遇到急難，哪些東西可以吃、如何燒木頭求救。他小時候不知道打獵的意義是什麼，但只知道「回來就是分享」。

Biung說，以前狩獵被禁止——無論是祭儀或是自用皆不可，事先報備也不行，但問題是部落隨時都有狩獵的需求，大家只好被迫鑽漏洞。長輩帶他們狩獵不能對外講，都是偷偷摸摸地打，所以「就盡量打」，每個家庭都自己上山打，要分享也只敢私下給，「文化都斷掉」。

野聲環境顧問生態公司後來受台東分署委託，進駐輔導部落狩獵自主管理，由在地青年田照軒負責與部落溝通。田照軒說，輔導團隊剛進駐時，族人並不是很了解狩獵自主管理內涵，更不解過去向來對於原住民狩獵採取高壓管制的林保署「爲何突然有這樣的轉變？是不是要挖陷阱給我們跳」？當初野聲與台東分署在部落開說明會時，有族人全程直播，也有人錄影存證，因爲「他們過去有被政府傷害的經驗」。經過一再的溝通說明，開始有族人願意加入，慢慢地，不加入的反而變成少數。

但加入狩獵自主管理計畫的初衷，Biung 說得直白：「我們不是信任政府，而是我們不希望被管制，我們沒有要天天打獵，剛好有這個機會，只是想把狩獵權利拿回來。」剛開始部落只是想拿回被剝奪的狩獵權，沒想到加入後「整個責任感都出來」。

在狩獵協會會議中，田照軒說，過去沒有加入時，反正大家就盡量打，現在大家自主規範，開始自我限制，原本紅石林道整條都可以打，後來變成規定只有零至十公里的範圍，十公里以後則是每三個月打一次；到最後改爲一年只開放兩次，參加協會者一年可以去打一次，射耳祭期間則是對全村開放。同時也會透過物種監控，哪種動物數量變少，就會要求禁獵，哪種物種數量多了，便可開放狩獵。

崁頂村村長Hundiv（邱志強）說，加入之後，紅石林道也變成整個崁頂部落共有的；現在紅石林道如果有進行工程或疏伐，大家也會上去看一下。此外，部落也幫忙林保署生態調查、取樣，協助學術調查，例如前一陣子長鬃山羊長疥癬，他們便協助取樣，讓學術單位進一步化驗。

雖然本書採訪時部落加入狩獵自主管理才一年，Biung說，最大的轉變是，以前不敢在公眾前談狩獵的話題，透過協會，大家開會都可以拿出來討論，有疑問也可以提出來，例如「抓到山豬要怎麼樣……」部落感情反而更密切。他說，現在後山（紅石林道）感覺是我們在管的（共管），但也因為是台東第一個加入的部落，他們有壓力，反而會自我約束，成了自我限制最多的協會。但不論如何，「至少現在可以大大方方進去（山林），不再怕讓人看到我打到什麼，但大家也變得很自愛，很珍惜打到的獵物」。

「最重要的是文化傳承，」Biung 說，可以讓小孩子延續文化，這對部落是最好的，有長輩帶就不會走歪路，過去因為文化斷掉了，年輕人沒有大人教，自己偷偷去打，有時候會很魯莽，「知道看到眼睛亮的要打，結果連螢火蟲也打。」現在有了老一輩經驗傳承，他們在狩獵之前還會有行前教育，會告訴下一代，寧可失去動物也不要亂打，確認清楚才可以扣扳機。

過去狩獵文化被壓抑，也限制了族人分享的傳統，加入狩獵自主管理後，族人分享的傳統又回來了。Biung 說，分享是一件快樂的事，雖然並沒有全部的族人都加入協會，但他們後來也讓不是會員的成員分享打到的獵物，這樣可以照顧到沒有獵人的家庭，尤其是單親或是獨居老人，部落的凝聚力也變得更好。

找回了對於山林的歸屬感與狩獵自主權，現在部落想做的更多、更遠了。

「我們想要發展觀光，這是過去不敢想的。」Biung說，在族人的自主規範與自我約束下，對生態起了保護作用，部落棲地生態愈來愈豐富，山羌、水鹿、飛鼠……，現在他看到動物不是想打（獵），而是打招呼，把獵槍變成了照相機跟手機，看到牠們安心地吃草，心情也跟過去很不一樣。

Biung說，他感謝政府給部落嘗試的機會，他也希望能與社會達成共識，希望有一天社會大眾都會知道，獵人並不是濫殺動物，不是想打就打，而是有在保護、平衡動物（數量）。他說，跟政府合作、成爲種子，如今政府也取得了部落的信任，他希望這套機制可以從村擴散到鄉，進一步發展觀光，讓部落變得更好。

除了崁頂村，丹大（地利、雙龍、人和、潭南部落）也在二〇二三年七月組織濁水溪線布農族獵人協會，正式加入狩獵自主管理計畫。在南投分署丹大工作站主任孫宗志的積極宣導下，早在成立協會之前，年輕獵人若在狩獵時發現黑熊，會立刻通報南投分署，也因此獲得分署頒獎表揚。

但相較於全台八百多個部落，目前加入狩獵自主管理計畫者仍是少數。也因此當林華慶發現五六八的死，是因為一名祖父以布農族狩獵文化傳承的方式帶著孫子打獵，卻因為不諳法令殺了黑熊滅證而觸法，才會從原本憤怒的心情轉變爲很深的自責，「我怪我們自己做得不夠快，沒有讓這些族人們知道，誤傷黑熊只要通報並協助救援就不會有罪」。

此外，他也自責當地分署跟轄區部落的關係建立不夠積極，如果武界能像孫宗志與部落一樣關係如此緊密，這樣的憾事應該不會發生，「這對我而言是一個非常大的心境轉折」。五六八事件後，林華慶決定要更積極推動狩獵自主管理計畫，落實社區保育，讓部落獵人組織成爲守護山林的前線助力。

然而，狩獵自主管理計畫是否真能有助於守護山林？身為鄒族的監察委員浦忠成說，林保署想藉此重塑原住民的狩獵文化不容易，畢竟已經佚失太久。他現在自己在部落帶頭在做，但很多部落成員是三、四十歲的年輕人，全台灣卻只有兩百多張獵人證，包括他自己和在中正大學任教的弟弟浦忠勇是其二。雖然困難，但他認為如今是個機會，「當森林沒有野馬、沒有獵人行走，就是一個死亡的來臨」，獵人可以協助通報山林裡的治安事件，包括山老鼠出沒等，這個計畫應該要繼續推動下去。

狩獵自主管理計畫仍是一場進行中的大型社會實驗，究竟是否真能重新拉近原住民與山林間的距離，或許仍有待時間印證。

第九章

從懷璧其罪到守望者

五六八死後，林保署開始加大「誤捕黑熊通報免責」的宣導力道，還特別為山區農民與原民獵人，開發他們工作時用得到的宣傳小物，包括印有「誤捕黑熊通報免責」字樣及通報電話的黑熊袖套、毛巾、額溫貼片及後背袋，在山村部落舉辦說明會時發放。

另一項因五六八而推出的政策，是將黑熊納入生態服務給付方案。林保署從二〇二一年起針對四個瀕危物種（石虎、草鴞、水雉、水獺）實施「生態服務給付方案」，用提供「生態薪水」的方式給協助維護棲地生態、入侵自主通報及巡護監測的居民，希望扭轉在地居民對部分可能造成危害的瀕危野生動物的負面印象，進而與政府協力，變成第一線的「守護者」。

五六八遇害後不久，二〇二二年九月，林保署宣布將台灣黑熊納入第五個生態服務給付物種，給付項目包含黑熊入侵的通報給付，以及巡護棲地協助監測給付。山村居民若遇黑熊入侵農舍、養禽舍，不私刑傷害並儘速通報，可先核發三千元獎勵金。後續若配合各分署架設自動相機，兩個月後會再加發五千元獎勵金。如社區成立黑熊巡守隊並每月巡守棲地，每年最高核發六萬元獎金；若於巡守範圍拍到黑熊，每次核發五萬元，每年可有二次獎勵機會。[17]

生態薪水的概念，是保護珍稀野生動物也要兼顧在地居民生計。若野生動物與其棲地是必須維護的公共財，保育的成本就必須由全民共同承擔，不能只從道德制高點單方面要求在地居民犧牲生計或安危保全野

17　林保署，《返抵山林》，YouTube。

生動物，甚至譴責他們爲此傷害野生動物，讓與瀕危物種比鄰而居的民衆變成「懷璧其罪」，最終反而可能造成人與自然雙輸；也唯有把在地居民的福祉納入保育工作，生態永續才能眞正落實。

黑熊納入生態服務給付方案，加上積極宣導誤捕通報免責，至二〇二四年五月已經有十隻受困陷阱的黑熊獲救（其中兩隻傷重不治）。另外在花蓮卓溪、秀巒、清水，台東錦屏、崁頂、紅石、建和、延平、下馬、霧鹿、永康，台中大安、松茂，南投廬山，嘉義特富野，屏東六龜新開溫泉、六龜舊潭、桃源拉芙蘭等部落，都有居民或獵人主動通報。

爲了擴大宣傳效果，各分署都會舉辦頒獎典禮，雖然獎金不高，但每一次幾乎全村，甚至連附近村莊居民都會參與。二〇二三年六月六日，林華慶也特別前往花蓮卓溪鄉及台東錦屏部落，頒發黑熊通報獎金給主動通報的居民，當天不僅卓溪鄉六個村長全部出席，還有多位鄉代表，數百名的村民更坐滿了鄉公所前廣場，簡直將之當成全鄉的喜事。

當天，台上的主持人手持麥克風，對著台下數百名族人以高昂的語氣說：「去年十二月跟今年五月二號又發現黑熊，這樣是不是我們的榮譽？而且今天六個村長都來了，還有十七個部落會議主席跟鄉公所代表都來了！」台下響起熱烈掌聲。

卓溪鄉就位於玉山山腳，也是黑熊的活動熱點區域。卓溪鄉公所祕書林萬金在台上也說得直接：「早期獵人的想法是，黑熊是政府在保護，如果被夾到就『滅口』，現在我們知道可以馬上通報。」

林華慶分別頒獎給兩位發現黑熊並即時通報的卓溪鄉村民。「保護台灣黑熊要靠政府、學者專家還是部落？」他一上台就先肯定卓溪是友善黑熊的部落，這兩年跟著政府一起的努力，已經有四個部落參加黑熊生態給付，幫忙巡守、移除不必要的陷阱，當發現黑熊誤中陷阱也協助通報，「雖然是微薄的薪水，但代表政府與全體國人對大家的崇高謝意。」台下又是掌聲。

他也趁頒獎的機會親自向村民宣導改良式獵具。他說，布農有禁忌，族人不能抓黑熊，抓到會倒楣，但很多族人務農，爲了要防治猴子、山豬，不免會使用陷阱，政府有補助四分之三架設微電網的費用，但有些地形不適合（架設電網），「就拜託大家，不要買網站上賣的山豬吊，連人都會中，請大家就拿舊的來免費換取新的改良式獵具，只有山豬會被套住，」最後他更不忘溫情喊話，「再次謝謝我們最親愛的族人，對傳統的尊重、生態的維護，共管共享這片山林，讓部落跟生態、生計都可以維持下去。」

這次因爲通報而獲頒獎金的是一對布農族黃姓父子。黃小哥說，他是布農族的獵人，要保持（狩獵）文化，「我要告訴我們布農族，不管怎麼樣，黑熊就是我們的好朋友」，但因爲黑熊棲地被破壞，也已經改變了，他們要跟牠保持距離，不要傷害牠，讓他們後代子孫都可以看到黑熊。

黃爸爸則說，他們在打獵的時候報戰績不會報黑熊，因爲黑熊是最好的朋友，也不能殺熊，「會被老人罵」。他說，其實黑熊非常可愛，不會主動攻擊人，希望大家能夠愛我們的熊，「要愛熊就像愛你的孩子一樣」，不管發現被陷阱夾到還是死掉的熊，都要馬上通報林保署。不過，他也說，以前部落確實很少黑熊，現在滿山遍野都是熊。

結束卓溪鄉的表揚大會後，林華慶再前往台東錦屏部落，這裡同樣是近年黑熊出沒的熱區。其中受獎的村民陳宏明已是第三次通報。第一次碰到時，他第一個向屏科大教授黃美秀通報，他更說，他雖然身爲獵人，但也不能隨意傷害動物，「我還是保護動物」，不論是台灣黑熊、穿山甲皆然，之前他也解救過麝香貓。因爲陳宏明之前當過林保署的臨時工，他知道在山上不管是遇到山老鼠還是黑熊，第一時間採取的動作就是通報。之前崁頂有隻受困黑熊，踩中的是陳宏明岳父母的陷阱，當時他們以爲獵到的是狗，發現是熊後，便趕緊通報東部專門救援野生動物的野灣協會。

除了積極通報，陳宏明自己也購買並架設攝影機觀察黑熊生態，他也從中發現了變化。他說，黑熊本來是在很深山的地方活動，但現在已經下到自己的（原住民）保留地，對此，林保署透過獎勵，讓部落的獵人一起保護黑熊。他也教導新生的獵人辨識黑熊的腳印形狀跟抓痕特徵。他說，自己小時候跟爸爸去山上打獵，只要看到母熊帶小熊，就是要趕緊離開，否則會被攻擊，同時他也向自己的小孩子宣導，不管是在山上或是任何地方，看到黑熊不要打牠。

而另一名同樣因通報獲得獎金的台東海端鄉廣原村民王繼國，他也是廣原小熊（Mulas）的通報者，更意外開啟國內黑熊保育的全新篇章。

從零開始的大膽嘗試

二〇一九年七月二十七日，王繼國在自家釣魚池對面的香蕉園發現一隻遭到野狗追逐、才數個月大的小黑熊。他原以爲牠是小黑狗，仔細一看才發現是隻幼熊。王繼國說，他從背後抓起牠時，發現牠「軟綿綿」的，研判因多日未進食，處於虛脫的狀態，加上當地有不少野狗，擔心牠會變成獵物，便趕緊通報林保署台東分署。

王繼國也是布農族，他說，布農族的傳統不獵熊，會招來厄運，「會被罵，因爲農作物會無法收成，抓到了也不能回來（部落），阿公有跟爸爸講，不能抓黑熊，也不能報戰功。」他說「擔心抓到熊會被罰」這也是老舊的觀念之一，但因爲他在部落中有接觸過黃美秀老師，知道發現黑熊要通報，且通報後不會有事。

不過，照理來說，幼熊身邊會有母熊才是，也有村民表示曾目擊有母熊帶著兩隻幼熊，推測是因爲村民爲了嚇跑頻頻來偷吃南瓜的山豬而鳴放鞭炮，驚嚇了黑熊母子，這隻落難的幼熊可能是因爲太小，來不及走避而與母熊走失、落單。台東分署考量母熊可能會回來找小熊，也希望母熊能帶走小熊，因此特別設計了一個籠子，母熊可以輕易從外面破壞進入並帶走小熊，就置於當初發現這隻廣原小熊的香蕉園。這段期間由王繼國協助照料，並由員警及台東分署人員日夜看守，但等了十天，母熊始終未現身。

遲遲等不到母熊，台東分署研判母熊可能已經放棄小熊，便舉行第一次專家會議，決定先將小熊短期照養，後續再進行野放。但馬上就要面臨的問題是，誰來負責照養這隻出生才幾個月、四公斤不到的小母熊？

過去林保署救傷受困黑熊，在西部、北中南各有台北市立動物園、烏石坑研究中心、屏科大可以協助救傷及照養，但東部卻一直沒有救援救傷的協力組織，形成一大缺口，林保署得舟車勞頓將黑熊繞過大半個台灣，送到西部據點。

就在等待母熊返回尋找小熊的期間，林華慶有了一個大膽的想法，他詢問當時的台東林管處處長劉瓊蓮：「要不要嘗試我們自己養？」劉瓊蓮也一口答應，「我想證明我們行政機關有能力照顧（黑熊），也是責無旁貸。」她談到她接下這個任務的初衷。[18]廣原小熊因此成爲第一隻由官方啟動並主導中途照養計畫的台灣黑熊，更成爲國內黑熊保育工作的關鍵轉折點。

然而，林保署與台東分署是行政機關，既不是像生物多樣性研究所是研究機構，也不像台北市立動物園有豐富的動物照養經驗，且當時台東並沒有在地協力組織，要怎麼照養這隻小熊呢？此時，剛好由八名野生動物工作者發起、專門從事野生動物救援的野灣野生動物保育協會，希望在位處東台灣中心點的池上或是玉里尋找據點，台東分署因此與野灣簽訂合作協議，從而促成野灣就此建立東部野生動物的救援機制。野灣後來承租了台糖池上牧野度假村的閒置建物，改建成適合野生動物醫療及復健的場域，並在二〇二〇年八月正式啟用，成為野生動物專責醫院，讓東部野生動物不再錯失救援時間。

劉瓊蓮說，行政單位的好處是可以匯集各方的行政資源，但缺乏照養經驗，當初初步的討論是，先由行政部門委託野灣團隊協助失親幼熊照護，至於檢視物料、設施環境這些則是以行政單位為主。[19]

18 林保署，《返抵山林》，YouTube。
19 同上。

這也是當時組改前的台東林管處育樂課課長林孟怡第一次照顧小熊，她說，這隻小熊當時才剛出生幾個月，一開始就跟照顧人類嬰兒一樣，她去超市購買奶粉、營養粉，按照小熊的體重秤重、餵食。但小熊長得很快，等到牠再大一點，台東分署護管員同仁便開始採集黑熊在野外會吃的野生植物，避免牠吃慣人的食物，「萬一（野放後）都到村莊去，就慘了。」小熊的食量很大，且不同季節還有不同需求，台東分署因此「開菜單」請各分署協助募集，再依照食物的保存性宅配到台東，這成了各分署當時特殊的任務。同時台東分署也請生多所、屏科大協助盤點、篩選適合的植物。

此外，爲了掌握廣原小熊的健康情況，台東分署也請來台北市立動物園、生多所及屏科大獸醫專家加入醫療團隊，爲牠進行完整的健檢，「可以說是比照熊貓等級。」劉瓊蓮說，台東分署也因此成爲黑熊照護資源匯聚的中心點。[20]接續劉瓊蓮上任的台東分署長吳昌祐，則是在既有的基礎上延續由行政部門主導救傷與中途收容黑熊的業務。吳昌祐說，現在中途照養的戰線要拉長，除了成熊之外，也可能面臨收容不到幾個月大的幼熊，照養環境需要隨時因應黑熊成長情況轉變，場域的準備包括野訓場都需要更加優化，好讓黑熊能順利回歸山林。

賦予這隻小熊關愛的，除了台東分署與野生動物保育專家，還包括部落族人。台東大埔部落主席胡佩菁說，他們想爲這隻小熊命名，一開始她就先詢問部落耆老，因爲牠是母熊，剛好廣原村也是女村長，就以村長余春梅的布農族名字 Mulas 爲其命名，在族語中，Mulas 象徵堅忍不拔、刻苦耐勞的精神，而爲牠取名的意涵「就代表我們認同這隻小熊，是我們部落的一分子」。不僅如此，部落還依循由家族長輩命名並昭告族人新誕生孩子名字的傳統，在當年中秋節部落慶祝活動上正式宣布廣原小熊的布農族名字，代表族人對牠負有保護與關愛的責任。

20 同上。

不過，要照養一隻從小就失親又準備日後要野放的小熊，並不是只有把牠餵飽、養大這麼簡單，Mulas 在接受人類照養的同時，最重要的功課是學會如何當一隻野生的黑熊。尤其牠少了母熊的帶領，需要藉由階段性的野化訓練增加對自然環境的適應能力，才能順利野放。

由於黑熊的成長速度很快，爲了爭取「黃金時間」，台東分署後來將 Mulas 暫時送往台中烏石坑研究中心照養，並利用這段時間在台東海端龍泉苗圃仿照黑熊的野外環境，打造了一個半開放式的野訓場，直到野訓場完工後，再讓已成爲亞成熊的 Mulas 進入野訓場。

林孟怡說，Mulas 在野訓階段時，要觀察牠的趨避性、不依賴人類及攀爬取食能力等行爲，這也是大家最忐忑的部分，因爲這攸關牠能不能達到野放的標準。野外的熊是機會主義者，不僅要學會取食各種植物、野果，也要學會獵捕野生動物，這些都要透過設計後的「課程」訓練。後來，他們驚喜發現 Mulas 自主上樹築巢做了熊窩，出現護食的行爲，展現出熊的天性。

在野訓場接受訓練的 Mulas。（林業及自然保育署／授權使用）

照護完 Mulas 之後，林孟怡陸續又經手六隻台灣黑熊，有老有小、有公有母，有受傷也有健康的，各種年齡、樣態都不同，儼然成爲另類的「黑熊媽媽」。她說，照護的大原則不變，但每隻熊有自己的個性，她就是從做中學，慢慢摸索。

雖然林孟怡現在對於黑熊的照養已經駕輕就熟，但其實剛開始並非如此，也經歷了一段不短的陣痛期。

林孟怡說，對於黑熊照護，剛開始他們都非常陌生，一來這跟他們原先的專業與職能並不相關，且她當時是林保署組改前的台東林管處育樂課長，除了負責森林育樂業務，還要辦理野生動物保育。她的轄下有兩座森林遊樂區，行政業務非常繁重，因此對於這個「天上掉下來」的任務，加上可預期日後會有愈來愈多類似的個案，讓她壓力非常大。不過，現實不允許她有太多的摸索期，因爲黑熊成長速度太快，他們隨時都要應變，連假日都在討論相關事務，而雖然對於上級交付的任務她向來使命必達，「但老實說，我很茫然！」

過程中讓她最難忘的，是Mulas在野訓時，爲了了解牠對於陌生人的趨避性、測試牠對不同人員進入籠舍的反應，因此獸醫安排她進入籠舍。進入跟熊之間沒有任何阻絕且非常接近的空間，「我眞的很害怕」，但她發現「Mulas比我更害怕」，反而躲在後面樹上的高處。她說，她相信獸醫師事先都有經過評估，但那與熊獨處的一、二十分鐘，仍是她公職生涯中最難忘，恐怕也是最漫長的時光。

林孟怡不諱言，自己一開始確實有點抗拒接手黑熊養護工作，直到野訓場蓋好後，一切逐步上了軌道，才讓她終於不再排斥。另一方面，二〇二三年八月，林務局升格爲林業及自然保育署，各林管處改制成分署，並且將育樂課拆開分爲育樂科及保育科，林孟怡專職從事保育業務，不再分身乏術。

走過陣痛期後，現在台東分署的同仁談起黑熊照護，個個都能侃侃而談，充滿成就感，甚至還有人脫口而出：「再來十隻也不怕！」林孟怡說，現在民衆通報意識愈來愈強，他們不僅救援黑熊的數量愈來愈多，樣態也更多元，例如：遇過中了陷阱的黑熊爲了掙脫，結果把陷阱也拉到樹上，他們會在樹下先放充氣墊再進行救援，以防中了麻醉槍的黑熊因摔落受傷。

透過一次次的經驗累積，台東分署逐漸建立一套黑熊救援、照養、醫療、野訓的SOP（Standard Operating Procedure，標準作業程序）以及資料雛形，每次野放動員的人力也愈來愈少。台東分署除了每年都會演練，也將過程製作成教材，讓其他分署可以參考，過程中也結合很多在地資源，包括地方政府出動麻醉獸醫等。

此外，由於黑熊出現在淺山區域的情況愈來愈頻繁，林華慶也要求轄下各分署每年都要進行黑熊救援演練，包含找哪些團隊協助、後送哪裡，都要實兵演練。例如二〇二四年四月十、十一日兩天，新竹分署就選在東眼山國家森林遊樂區進行台灣黑熊救傷應變演練，找來了野聲生態團隊專家及台北市立動物園獸醫師，說明野外救傷必須掌握的通報資訊、器材準備及團隊分工等，並透過案例分享救傷應變流程。

演練參與人員除了包含新竹分署各工作站，還有在地的桃園市政府、新竹縣政府、保七第五大隊、新竹縣養老 yulu 文化生態協會、新竹縣五峰鄉桃山社區發展協會等，並在台北市立動物園獸醫團隊及野聲生態團隊引導下，於戶外就勘查、戒護、麻醉、檢傷、醫療、記錄、現場搬運、車輛運送等情境進行分組實地演練，如此大陣仗就是爲了避免一旦突發時不知所措。

林孟怡說，黑熊照養環境從無到有，醫療夥伴的協助也很關鍵，尤其是要跟黑熊成長過程搶時間，籠舍要一直變換，雖然同仁有一定的壓力，過程中也發揮很多創意和想像。包括野訓場的設計也煞費苦心，爲了避免黑熊脫逃，周邊的林木都要修枝，要距離籠舍至少兩公尺。

但野訓場畢竟不是眞正的野外環境，有一陣子他們發現 Mulas 總是在固定動線來回行走，擔心牠出現圈養動物經常會出現的刻板化行爲，還再增加一些讓牠行爲豐富化的設計小巧思，包括豐富化籠舍環境，讓牠可以玩水，取食則是用藏匿的方式，可說要不斷地接招。

在照養過程，部落也扮演重要的角色。林孟怡說，當初會發現Mulas是經由部落通報，在初期等待熊媽媽回來時，小熊也是養在部落附近、由族人協助照料，對於這隻失去父母親照顧的小熊，「大家都投入一定的感情」。黑熊在森林會遇到很多狀況，包括登山客或是原住民上山狩獵，他們也請族人利用合法獵槍鳴槍，協助進行黑熊在野放前的趨避測試，希望牠會對人類保有一定的戒心，這不僅是確認黑熊符合野放的要件，也讓部落參與了黑熊保育的過程。

二〇二〇年五月十六日，歷經十個月的照養，原本不足四公斤的Mulas已長成超過四十公斤的亞成熊，終於要回歸森林了。當天，部落族人都到現場跟Mulas道別、祈福，林孟怡形容大家的心情「就像隔壁鄰居張家、李家的孩子遠行一樣，大家有不捨也有期待」。隨後Mulas由民間直升機載送，野放在鄰近中央山脈的西亞欠谷。

林孟怡說，Mulas從通報、照養到野放，跟部落都有很深的連結，透過這樣的過程，也讓他們理解，他們扮演的角色很重要，「有什麼問題我們就會找村長、部落主席商討」。這除了是尊重、讓他們有參與感，更重要的是，參與與理解後，部落便變成了林保署的保育夥伴。

不過，透過黑熊命名與部落拉近距離，有時卻也產生意想不到的「後遺症」。二〇二三年十一月，台東分署救傷後野放一隻研判年約二十至二十五歲的高齡台灣黑熊 Hundiv（闍帝夫），創下林保署迄今野放黑熊最高齡的紀錄。兩個月後，因爲衛星發報器回傳疑似死亡的溫度異常訊號，台東分署隨即動員上山尋找，在兩次動員找了兩週後，最後在中央山脈一處陡峭溪谷上方稜線，尋獲已經死亡的 Hundiv。Hundiv 被發現時呈現自然趴臥姿勢，遺骸除部分腐爛外身軀完整；周邊環境亦未有可疑跡象，加上該處水源跟殼斗科樹種資源豐富，台東分署研判應爲自然死亡。

由於 Hundiv 當初是經崁頂村紅石部落族人通報獲救的台灣黑熊，台東分署援例依通報救援族人邱玉山之族名，取名爲 Hundiv。林孟怡說，在她得知 Hundiv 死亡後，第一個想到的就是該如何告訴族人這個消息，這令她很苦惱，擔心他們心裡因黑熊的死訊產生疙瘩。由於當時已快要過年，在前往部落拜訪前，她還特別到超市購買了幾個喜氣的大紅禮盒當伴手禮。當她告知族人這個消息時，他們的反應果然一如林孟怡的擔憂，一方面感到意外，另一方面也嘟囔著：「怎麼會這樣，這會不會是不好的預兆啊？」

林孟怡趕緊安慰他們，Hundiv 年紀很大了，是自然死亡，就跟人類壽終正寢一樣，是一件好事，好不容易花了一番唇舌，族人才稍稍釋懷。

野放的大考驗

野放黑熊因爲變數太多，對各分署來說都是大考驗，「每次都是到處求神拜佛」。林孟怡說，在 Mulas 野放後的隔年八月，他們執行第二次任務——野放崁頂黑熊 Umas。日期確定後，分署長與她到廟裡祈福並擲筊，但卻怎樣都無法得到代表神明應允的「聖杯」，只是因爲實在不宜再拖下去，後來勉強擲到，便決定硬著頭皮照原訂計畫野放。

林孟怡說，當時多數部落擔心黑熊野放後會回來，都希望野放地點能「跟部落有點距離」，所以他們都是採取空運方式，不過，租用民用直升機費用驚人，一小時費用就要二十六、二十七萬，一次出勤費用就高達五十萬元。由於清晨天候最適合直升機起降，當天一早，台東分署大隊人馬就到了現場，爲避免空運過程對動物產生緊迫，Umas也事先吃下鎮定劑。結果沒想到直升機起飛後不久竟折返，所有人員又統統下機，原來機件故障，當天野放任務只好喊卡，又把Umas送回野灣。

台東分署後來又再選定野放日期，但林孟怡擔心當時正值汛期，西亞欠谷容易積水，恐影響直升機降落。此時，她靈光一閃，想起台東分署與崁頂部落建立了不錯的關係，於是她試探性地問部落，萬一這回又空運不成，「就近在部落附近的紅石林道野放，你們同不同意？」沒想到部落居然一口答應，「這是我們的熊，是部落的一分子，當然可以啊。」讓林孟怡放下心中大石。

二次野放當天，台東分署依原計畫租用德安航空直升機執行空運任務，果然如林孟怡擔心的，西亞欠谷因有少量積水，德安航空不敢貿然降落，於是又原機返回。因爲野放要動員的人力很多，加上黑熊又已麻醉，時間非常急迫，台東分署當下立刻決定啟動陸運方案，幸好已事先將野放路徑整理好，部落族人也立刻趕到現場爲 Umas 祈福，並目送 Umas 沒入山林。

Umas 野放過程一波三折，最後又峰迴路轉，「眞的很玄！」林孟怡說，過去他們都以爲部落會排斥黑熊就近野放，都會設想將熊「放遠一點」。沒想到這次的意外卻成了契機，他們驚喜發現，原來部落並不排斥，也因此從 Umas 之後，台東分署皆採取陸運方式野放黑熊，不論是人力或是經費都節省很多。

Umas 野放後，因爲戴有衛星頸圈，監測發現牠一度又靠近紅石林道警戒線，讓台東分署相當緊張，提醒族人要留意狩獵活動，同時也宣導換發改良式獵具，提醒眾人不要使用獵槍，但 Umas 始終未越界，謹守警戒線。部落也都知道 Umas 在紅石林道附近活動，這顯示了在部落的高度自我約束下，黑熊與人可以和平共處。

二〇二二年十月，台東分署透過衛星解鎖了 Umas 的項圈，結束長達十四個月的遠端追蹤。工作人員在距離牠野放地直線距離五點七公里處的青剛櫟樹下尋獲項圈，此處一抬頭就可望見花東縱谷，不僅青剛櫟樹幹有「新鮮」的黑熊刮痕，還發現牠在樹上做了巢穴，姜博仁笑說：「Umas 躺著在樹上遠眺花東縱谷，很會享受。」

後來台東分署透過分析頸圈累積的資料，發現 Umas 的活動力超強，野放活動最高海拔達二千二百公尺，活動範圍相當於二百五十二個大安森林公園，甚至還可以在五十度的山區陡坡行進無礙，在森林溪澗之間，翻山越嶺探索各類型棲地。

令人驚喜的是，二〇二一年十一月，也就是 Mulas 野放一年半後，當時 Mulas 已解除衛星頸圈追蹤，台東分署在回收的設置於國有林班地內的紅外線自動相機影像裡，發現左耳別著黃色耳標的 Mulas 身影。已經約兩歲半的牠體態結實、毛髮亮麗，不僅被拍到在挖掘樹洞尋找食物，還捕捉到牠倚靠樹幹，用背部摩擦抓癢時不慎滑倒、用手掌撐了一下樹幹的畫面，呆萌又可愛。

更令團隊人員欣喜雀躍的，是看見牠在山林裡與另一隻黑熊同伴打鬧、嬉戲的珍貴畫面，讓整理影像的台東分署同仁紅了眼眶。林孟怡說，Mulas是他們從小養到大，牠就像自己的小孩、長大了出社

紅外線相機捕捉到廣原小熊 Mulas 與另一隻同伴嬉戲的珍貴畫面。
（林業及自然保育署／授權使用）

會工作，但不一樣的是，解除頸圈停止追蹤後的黑熊「是生是死、好與不好，我們都不知道」。看到自己帶大的熊如今過得很好，身邊還有伴，「搞不好還會成家立業，眞的很開心」。

對包括林孟怡在內的台東分署第一線人員而言，看到這個畫面除了欣慰，還夾雜著複雜心情。當初政策決定啟動官方自主照護計畫，接下任務的他們從一開始的茫然、摸索，甚至是抗拒，到最後逐步上軌道、順利野放，既而建立了SOP，此刻再看到野放後的Mulas影像，眼淚的背後其實是打勝仗的酸甜滋味。

而崁頂部落在二〇二三年三月參加林保署「台灣黑熊生態服務給付計畫」，也在三月後馬上派上用場。二〇二三年六月三十日，二名族人淸晨爲先前架設的紅外線自動照相機更換電池時，發現地面出現可疑獸印，循線在紅石產業道路三公里處找到受困黑熊，發現牠左前肢落入套索，馬上透過韋文德通報給台東分署，由野灣野生動物保育協會前往救援，短短三十分鐘內就完成緊急處置，該案也成爲「台灣黑熊生態服務給付計畫」巡護團隊首例獲通報救援黑熊的案件。

不過，東海大學生命科學系特聘教授林良恭對於林保署推動誤捕黑熊通報免責倒是持保留態度，他認爲還是要從源頭改善，大型套索應該要替換，不然黑熊還是會有（誤中陷阱）壓力。他說，雖然林保署現在推動改良式獵具，但並沒有很順利，雖然是以舊套索換新的，但很多人會拿壞的來換，然而也不宜由上而下直接禁絕使用。現行透過狩獵自主約束，參加獵人組織就免費提供改良式獵具，也是由下而上的方式，只是組織的約束力要夠強，才能發揮從源頭管理的效果。

林華慶則解釋，之所以推動「誤捕黑熊　通報免責」，是爲了先「止血」。不追究黑熊受困的原因，才能讓山村居民不再懼怕因爲通報黑熊受困而惹上「麻煩」，除了能讓以往政府不會知道的受困黑熊因此有獲救機會；也可以讓居民打開心防，逐漸與政府建立信任關係，知道政府除了在意黑熊，也關注居民的想法。

但他也同意，原本希望回收大口徑山豬吊，要求村民以一對一、拿舊的套索來換新的方式，確實無法立竿見影，因此從二〇二三年底，已經要求各分署不再硬性要求民眾一對一交換，而是只要有防治農害或是傳統狩獵的需求，都可以免費申領，希望有助於改良式獵具的普及。

不再異地野放

五六八事件也改變了保育單位對黑熊野放的做法。

林華慶明白表示，往後成年公熊不會再有所謂的異地野放。姜博仁也說，後來他查了文獻，野放的美洲黑熊七十七隻中有七成有返家行爲，其中有一半回到家，「Homing」有相當高的比率，不會因爲放到一百、二百、四百公里外而有差別；反而比較年輕的個體，因爲沒有領域性，較少出現返家行爲。

況且，依照成熊的移動能力，所謂的「異地」其實沒有太大意義。姜博仁認爲，在未來保育工作上，即使愈來愈多黑熊中陷阱，也不必都再用直升機載到遠處野放，牠要跋涉返家反而經過更多部落；像救傷野放的崁頂小熊Umas，後來也是回到原棲地附近。所以他建議，要跟原來部落有更多溝通，包括驅離、警戒，還有做好對居民生命財產安全的配套，讓部落放心「政府會幫助你們」，會是比較好的方式。

「在野生動物的救援中，異地野放是下下策。」林良恭說，任何動物都有地盤，雖然熊的密度低，但異地野放是最後的考量。當時要評估五六八野放時，烏石坑研究中心說五六八已經養好傷，進食沒有問題，但卻沒有去計算牠進食所需的時間長度，因為在圈養環境下，並沒有競爭的問題。不過，根據五六八解剖結果，牠的脂肪層正常偏厚，身體狀況評分良好，腸道則有黑色團塊，推測野放後取食正常，可推斷活動與取食無虞。

林良恭也點出現行林保署野放評估的盲點：野放個體的身體狀況都是找烏石坑研究中心或是協助林保署救傷的野灣協會評估，太過單一，他建議，應該多找幾個團隊，也不要用開會的模式，因為委員資訊還是有限，無法很周全，應該要有模擬野外、找食物的情況，「行爲跟身體評估比重要加強」，野放的速度也要快一點。他也說，「野放吧，還是回到大自然」這個概念是野生動物關懷中至高無上的邏輯，但他認爲，如果眞的不宜野放，留下來圈養搞不好也可以貢獻個體環境。

而高度參與此案、長期從事野生動物研究的台師大生命科學系退休教授王穎表示，其實黑熊該不該野放關鍵在不同的價值觀，若案例具有稀有性、希望保護牠又希望他回歸山野，資源又足夠，當時的設定模式是「給動物一個機會」，但隨著物種實際變化，又會有不同的考量。

他舉例，過去同樣是美洲黑熊，在美國內華達州是稀有動物，但在加州十分常見，而這兩州之間隔了太浩湖，東邊是內華達，西是加州，隔了一個湖，美洲黑熊的命運就大不同，一邊要保護，一邊多到要開放狩獵，不同的經驗就會有不同的價值觀。同樣的動物會因爲地域、時間、價值觀的差別，產生不同的變化。

對於五六八野放後屢屢中陷阱，他認爲，熊本身有個體差異，又是長壽的動物，有的受到震撼教訓就會調整，有的還是不會改變，科學研究要有大量的樣本，統計分析的結果不一定百分之百，但至少會有中型曲線，總是希望放多一點，有更多的經驗，了解物種本身的變異性，以及環境不同個性塑造的結果，都可以更清楚。

他也說，中型曲線也會有很多例外，站在生態學的立場，盡可能「在哪裡抓到哪裡放」，但有時會考量動物的稀有性，會另外找一個環境不錯，物種密度也低的地方，以人爲介入的方式快速建立種群，站在保育與經營管理的立場，異地野放也是常有的事。他說，每個物種狀況不同，如果這個物種以後數量變得非常多，甚至到傷人程度，就要開始進行族群管控，以黑熊爲例，美國、加拿大、日本都已經開始這麼做，這也會是台灣下一個階段必須面對的兩難抉擇。

山豬吊該禁嗎

而五六八事件，也再次激盪了爭議許久是否立法全面禁用山豬吊的討論聲浪。

常用的陷阱包括獸鋏及俗稱山豬吊的金屬套索，前者因爲對動物的殺傷性極強，只要被夾住，往往造成立即性的嚴重傷害，因此早已立法禁用，只有農民及原住民基於防治農害及狩獵需求仍可使用，但多年來全面禁用已逐漸有修法共識。

不過有關心犬貓受困山豬吊的動保團體，認爲要禁絕陷阱對動物造成的危害不能只做半套，在二〇二四年四月十一日立法院經濟委員會審議《野生動物保育法》修正草案當天，動員在場外抗議，要求一併禁絕山豬吊，但林保署也發出聲明表示，在沒有更好的替代工具之前，不宜貿然立法全面禁用山豬吊。因爲爭議性太大，最後《野保法》修正草案在國民黨立委鄭天財反對下，會議主席邱議瑩裁示保留協商處理。

剛好就在立法院審議《野保法》隔天，一群花蓮卓溪鄉的族人遠道北上林保署，參加「卓溪，友熊之鄉」記者會，記者會上花蓮分署首度揭露委託野聲環境生態公司於卓溪執行的台灣黑熊監測成果。中央山脈是黑熊棲地，位在山腳下的卓溪部落，雖然位處平地，卻也是黑熊出沒的熱點。

姜博仁說，二〇一一至二〇一三年間，透過自動相機共拍攝到七十九隻（次）台灣黑熊，其中包括多組一帶二甚至一帶三的母子熊，藉由身體特徵與胸前斑紋，可辨識出至少二十隻不同個體，顯示此區域黑熊數量多且穩定，尤其夏季出現頻度更高，且活動範圍仍不斷擴張；而黑熊多在白天出沒，與居民活動時間重疊，人熊相遇機會將愈趨頻繁。野聲也針對以布農族爲主的卓溪十七個部落，進行在地居民「熊經驗」的調查訪談，結果有百分之八十六的人看過「熊痕跡」，百分之六十七看過黑熊，也有一成四的人曾發生過黑熊入侵農舍、雞舍或受困陷阱的「人熊衝突」。

這幾年，在花蓮分署深入部落宣導下，二〇二三年開始有四個團體成立黑熊巡守隊，巡守範圍達一千三百五十九公頃；二〇二四年黑熊巡守團隊已增加至七個。截至二〇二四年三月底，已換發四百四十五組改良式獵具，與前一年年底統計二百四十九組相較，短短三個月增長近一倍，顯示部落的支持信任大幅提升，而卓溪鄉也加入了「卓溪鄉狩獵自主管理計畫」。[21]作爲中央保育及《野保法》主管機關，

21 林保署，〈公私協力打造卓溪友熊之鄉、林業保育署首揭露成果歷程〉，二〇二四年四月十二日。

右爲傳統市售山豬吊，口徑較大，左爲改良式獵具，口徑較小，可避免誤捕黑熊。（張維純〔阿步〕／攝影、提供）

不少人不理解為何林保署對於立法禁止使用山豬吊卻持保留態度，「如果認為立法禁止使用山豬吊是唯一的解方，那實在是把這個問題想得太簡單了！」林華慶在記者會當天致詞時提到，在都會民眾眼中，使用山豬吊是非常殘忍的事情，但對於山村中的居民而言，「你眼中的殘忍，是我賴以存活的生計」。因此這幾年，他們努力同理村民使用山豬吊的動機，並思考如何兼顧村民的生計需求，又不對黑熊造成傷害。

林華慶說，後來他們提出來的解方便是改良式的山豬吊，也就是所謂的改良式獵具。他們把山豬吊的口徑縮小，便不會誤捕到黑熊，同時也把線徑變粗，如此一來就算其他動物被獵具套到，也不會造成很嚴重的傷害，是一種相對較友善的獵具，可以解決村民受到山豬侵害造成農損的問題。

這幾年，林保署從制式山豬吊改良並開始在山村聚落推廣的「改良式獵具」，其踏板直徑小於十二公分，且可設定重力值，能夠獵捕山豬，但可防止腳掌較大的黑熊踏入，也可避免誤捕體重較輕的幼獸或小型動物，兼顧保育與防治需求。在五六八事件後，林保署更加加快在各山村的推廣腳步，希望能減少發生誤捕黑熊事件。

林保署不選擇以立法禁止山豬吊還有一個最重要的考量，由於套索具有布放容易且又隱密難以察覺的特性，貿然立法全面禁用，但山村居民防治獸害或原民狩獵的需求依然強烈存在時，可想而知禁用令將形同具文，屆時即使政府派出大批人力，也難以查獲行爲人。此外也有後遺症是農民要不使用殺傷力更強的毒餌，否則就是從此逼使套索布放者一旦誤捕保育類野生動物時，因爲怕違法受罰，只能毀跡滅證「私了」，不會通報救援。誤捕五六八的武界獵人祖孫，就是以爲使用山豬吊是「違法」行爲，抓到黑熊更是罪上加罪，才索性殺了黑熊滅證，成爲最典型的個案。

有法律系學者也說，全面禁用金屬套索就會跟《野保法》禁止狩獵一樣，最後變成「你禁你的，我用我的，農民根本不甩你」。結果就是讓套索走入地下化，「不用山豬吊，那難道是用槍嗎？熊不可以斷掌，那就奪命，反而讓誤中陷阱的熊一點生存的機會都沒有。」他自己是法律人，深知法規制定不能一根腸子通到底，需要社會科學的觀察，否則最後的結果會跟原來想達到的目的背道而馳。

政大民族學系系主任官大偉說，其實山豬吊不是只有原住民在使用，漢人農民反而更需要，因爲原住民可以合法使用獵槍，一旦立法禁用山豬吊，政府監督成本極高，畢竟山區農園那麼多。他認爲動保團體對於原住民文化並不清楚，這種強勢的輿論造成另一種過度簡化的思考，其實對於原住民是不對等也不公平。

他也感慨，過去殖民時期對於原住民經濟上掠奪、制度上的不平等，還有平地人看待山上居民的偏見，「雖然殖民者已經走了，但不平等還是存在」。他認爲過度簡化的保育口號，把所有的問題一刀切，都加深了不平等。

二〇二三年六月間，參與黑熊生態服務給付計畫的嘉義縣鄒族獵人協會，透過在阿里山鄉特富野山域架設的紅外線相機拍攝到黑熊蹤影。這次相機捕捉到的畫面，不僅顯示黑熊開始出現在中低海拔的淺山，還首次拍攝到改良式獵具成功防範黑熊誤捕；被拍到的這隻黑熊，踩到改良式獵具但沒有被套住，而是轉身逃走。

不過，既然改良式獵具這麼好，爲何不擴大宣導？

「你認爲的擴大宣導是什麼？是在媒體刊登廣告？還是發DM？用大聲公到處廣播？」林華慶反問。他認爲眞正有效的宣導，是要觸及潛在的山豬

嘉義阿里山鄉拍攝到台灣黑熊誤觸改良式獵具未受困全身而退。
（林業及自然保育署／授權使用）

吊使用者，這也是過去幾年一直要求各分署努力的方向。

在每一場林保署各分署舉辦的通報頒獎活動，甚至是林業政策的說明會，會場都會趁機展示改良式獵具。各分署也採取深入部落的方式宣導，然而，民眾是否願意來換發或申領改良式獵具，中間隔著一道看不見卻高聳的崁——「信任」。

林華慶說，在一個陌生的山村或部落，沒人會告訴你他有在使用山豬吊——無論他是農民，或他只是個偶爾狩獵的獵人。「所以今天我們分署到部落裡告訴大家，我們提供免費的改良式獵具讓大家換發或領取，會不會有人來領？他來領，不是擺明著告訴你『我就是在放山豬吊、我就是在狩獵』？如果沒有足夠的信任，他絕對不會來領的！」

因此，當天在「卓溪，友熊之鄉」記者會上，林華慶也感性地對出席記者會的來賓說，換發改良式獵具的有效宣導，必須經過一個相互同理、信任的歷程，也只有相互信任之後，才能夠共同攜手，最後邁向永續，「也就是我們今天看到卓溪鄉能夠有這樣的成果」。

其實林保署的角色當然是黑熊的保育機關，但要談黑熊保育，或是要避免黑熊受困，或是受困的通報與否，關鍵還是在山村居民。林華慶深知，如果沒有站在同理居民的角度，最後還是會落入兩敗俱傷的困境，因此循序漸進做到套索的有效管理才是最終的解方。

「沒有人比林業保育署的夥伴，更不希望看到黑熊中套索。」林華慶說，每一次有黑熊中套索，除了第一線救援的夥伴忙得人仰馬翻，看到黑熊受傷，「我們的心裡也都非常難過與擔心。」他也透露「祕辛」，最近幾次的黑熊救援，除了野灣的獸醫師群提供的悉心照護及療養，他們甚至也尋求原住民的傳統信仰，希望受傷的黑熊能夠脫離險境。

因此，林華慶說，他和呼籲禁用套索的朋友相同，都有著不捨黑熊受傷、愛護黑熊的信念，「但是該怎麼做，才能對改善現況有幫助？」如果只是用一紙法令，頒布從什麼時候就開始不准使用山豬吊，倘若這麼簡單，「我們早就做了！」他也希望都會地區的朋友可以將心比心，「如果你上了一年的班，最後老闆告訴你，你一毛錢都領不到！作何感想？

你會接受這樣的事實嗎？」對於山區的農民來說，常常因爲野豬出現一晚，導致一整年的辛勞化爲烏有。「我們應該彼此同理，共同努力找出能夠兩全其美的解決之道。」

林華慶表示，保護黑熊，除了花蓮分署，各個分署也同步在努力，希望能夠用更有效的方式，讓改良式獵具可以更快滲透到山村部落每個角落，讓有使用需求的農民或是原住民獵人知道，政府願意無條件免費提供這款相對友善的獵具給大家使用。

在禁絕套索的爭議聲中，林保署的臉書粉專也發出多篇「人與熊」系列貼文，積極進行社會溝通，其中一篇以〈在地居民是保育的第一線〉爲題寫道：

提到黑熊保育的要角，大家會先想到哪些角色？學者專家、主管機關還是民間組織呢？

台灣的自然保育最早由學者開始倡議，並由政府推動執行，解嚴之後民間非政府組織（NGO）逐漸加入，但保育能否落實，在地居民是最關鍵的角色。

在地居民與野生動物比鄰而居、朝夕相處，是保育的最前線。居民對野生動物的價值觀；以及當人獸衝突發生時，能否從社會與政府獲得支持與奧援，將決定居民對待野生動物的態度與互動模式。

因此，同理在地居民需求，協助解決問題，取得認同，並進一步邀請居民共同參與保育行動及決策，人與熊才能真正相安無事，這也是我們在花蓮卓溪、台東海端、延平、屏東大武的努力方向。

我們會持續陪伴更多山村，讓居民不再擔心政府想「引蛇出洞」，給居民貼標籤，而是相互同理，協助解決在安全、生計或文化傳承遭遇的難題，又能不誤傷到瀕危物種。隨著更多在地居民的參與，黑熊中套索的意外也會愈來愈少，這比祭出嚴刑峻法卻黑數充斥更為有效。

二〇二二年《生物多樣性公約》「昆明—蒙特婁生物多樣性框架」

行動目標二二：「確保原住民和在地社區在生物多樣性相關決策制定，得到充分、公平、包容和參與，尊重他們的文化及其對土地、領地、資源和傳統知識的權利。」

這篇貼文就是由林華慶親自撰寫。

「我們仍然有許多未知的事情要探索，人熊之間並不總是浪漫的相遇。我們希望透過科學的方式，讓人熊之間相安無事、和平共處。」他道出了心底最深的期待。

第十章

回眸後的深情

五六八一再落入陷阱、滋擾、驅離、救傷、野放，二次野放後，歷經二十五天翻山越嶺，就在踏上最後一哩的返家之路時，在槍聲中意外終結旅程。牠的一生充滿戲劇性，堪稱台灣保育史上關注度最高的台灣黑熊。導演顏妏如選擇以「回眸」的方式，回顧曾在每一個過程與五六八有過接觸的人，只是，沒想到這一回眸，才發現，所有的人都對牠有著深深的感情，更對牠的死充滿自責。

顏妏如說，在事發當時，大家都太緊張、慌亂了，等到拍攝紀錄片時，才得以靜下來好好坐著聊聊過去發生什麼事，沒想到所有人都「碰！」的一聲哭了。其中令顏妏如印象最深的是台中分署保育科科長洪幸攸，她受訪時，講著講著，斗大眼淚不自覺地往下滴，甚至還要顏奻如先停機，她必須擦一下眼淚才能再進行訪談，「她也不知道自己這麼難過」。

姜博仁在談到爲何當時會想要發起「全民護送五六八回家」時說，野放之後，五六八（一路往大雪山方向走）是不是像長大後的小孩子，突然跟我們說「想要回家」？「很期待牠能夠回家，中間有很多關卡，但我們很希望護送牠回去……」經手過無數野生動物調查、追蹤的姜博仁，也突然在鏡頭前哽咽。

從七一一到五六八，兩次照養東卯山黑熊且始終與其刻意保持距離的烏石坑研究中心計畫助理劉立雯在受訪時談到，消息傳出的下午，同事們剛好就在聊牠的訊號不見了，「我就跟旁邊的同事說牠走了，有點難相信，也突然有種……」這時，她對著鏡頭說了聲「等一下」，掩面哭了出來。「這段時間這麼多人做這麼多努力，好像一瞬間就沒了，也有點不太敢去想，最後在牠的眼中，牠看到的到底是什麼樣的畫面。」劉立雯的這段話也逼哭了許多看紀錄片的觀衆。

回顧拍攝過程，「我自己受到滿大衝擊，尤其是劉立雯，她哭的時候，我好想停機，當下很想擁抱她。」顏妏如說，她覺得很抱歉，怎麼自己要這樣把受訪者心裡的傷痛再挖出來一次，但顏妏如所受的專業教育教她不管拍人或動物，拍攝者都要抱持旁觀、不介入的立場，因此她仍強忍鎮定繼續拍攝。但關上鏡頭時，她忍不住對每一個在鏡頭前落淚的受訪者說：「對不起，我讓你哭了。」

其實不光是紀錄片拍攝者，顏妏如說，生態界所受到的訓練，也不該對研究、追蹤的野生動物投放感情，由於每天面對這麼多的野生動物保育工作，一旦有了感情，後續研究工作會變得相對難處理，因此在面對五六八的過程中，大家都是刻意保持這樣的心情做事；只是沒想到這隻熊已經變成大家生活中的一部分，「每個人的眼淚都是眞情流露地流出來」。

顏妏如說，拍攝過程中唯一沒有掉淚的是生物多樣性研究所的獸醫。

她有跟獸醫詹芳澤聊過此事，他告訴顏妏如：「你看我天天要面對這上百隻動物救治，我們不是不掉淚，而是不能輕易宣洩。」話雖如此，生多所獸醫還是偷偷跑來參加紀錄片特映會，自己報名坐在最後一排默默掉眼淚，這一幕一直令她很難忘，「原來每個人都很在乎這隻熊」。

顏妏如說，當時爲了搶救五六八的傷肢，生多所獸醫們可說費盡心力，只要牠的傷肢一出現腐肉就進行清創手術。如果依照過去的技術及做法，此類傷勢都是一律截肢，但一旦如此，就代表五六八無法再回到野外，必須終身收容。烏石坑研究中心曾經救傷過一隻台灣黑熊「阿里」，就是因爲傷肢而截肢，也從此終身圈養。

詹芳澤曾告訴顏妏如，當年就是沒有能量能讓阿里保留野放的能力，以至於牠一輩子都要在籠子裡度過，詹芳澤每次看到阿里都很愧疚，他現在有能力，「就讓五六八試試看」。顏妏如說，但在漫長且多次的手術中，獸醫們都一度猶豫了「有點想要養起來，因爲實在太久了」！因爲對照養單位而言，要照養一隻圈養的熊相對簡單，而要養一隻預計要野放的熊所花的能量跟經費，是完全不一樣的，而且大家都擔心：眞的有其他地方願意接納這隻熊嗎？「我覺得大家做這個決定都非常不容易。」

五六八的死，不光是曾經照養過五六八或是高度參與此事的台中分署人員情緒受到牽動，就連林華慶在內的林保署人員也不例外。大家這才發現，五六八早已融入了許多人的生命。

「當我們知道五六八死了之後，整個辦公情緒都受到影響，我自己回到家滿腦子都想著五六八。」

林華慶說，五六八整個救傷與野放過程，基本上他都只是在遠端「遙控」。雖然他是決定讓五六八野放的人，但他不像台中分署是實際執行的單位，他跟五六八唯一的實際接觸，就是曾去烏石坑研究中心探望過一次當時仍在照養中的牠，其餘就是在資料、群組或是新聞報導中間接接觸。

也因爲一直隔著距離，林華慶原以爲他可以跟五六八保持一個很中立、抽離的角色，一如他過去三十多年來從事野生動物研究所抱持的心情。對他們而言，五六八就是一隻野生動物，「我們不會跟研究的動物發生感情，也不會去幫牠取名字，因為可能會把個人的好惡帶入其中，會影響你對牠的觀察」。

他原以為他對於五六八也會像對待其他的個體一樣，不會帶有個人的感情，「但我也是在牠死了之後，才發現有非常強烈的失落」。他的失落感來自：怎麼大家努力了那麼久，（五六八）就這樣沒了？不見了？

有長達兩個禮拜的時間，他每天下班回家「真的靜下來的時候就是想到五六八」，即使過了很長一段時間，只要再看到五六八的相關畫面，林華慶都會陷入很深的回憶。

後來林華慶決定把過程中的影像剪輯成紀錄片。「其實，我第一次看毛片時有掉眼淚，我想署裡很多人也都一樣。」而他在觀看紀錄片時，有一幕是照養員透過閘門孔洞拍攝當時甫從麻醉中甦醒過來的五六八，牠盯著鏡頭毫無防備的眼神，「那個影像到現在都還一直深深烙印在我的腦海裡。」後來，他請工作人員把這個畫面截取出來，放上林保署的臉書

剛從麻醉中甦醒的 568。這是 568 第一次在人類世界過照養生活時，照養員所拍攝的照片。
（林業及自然保育署／授權使用）

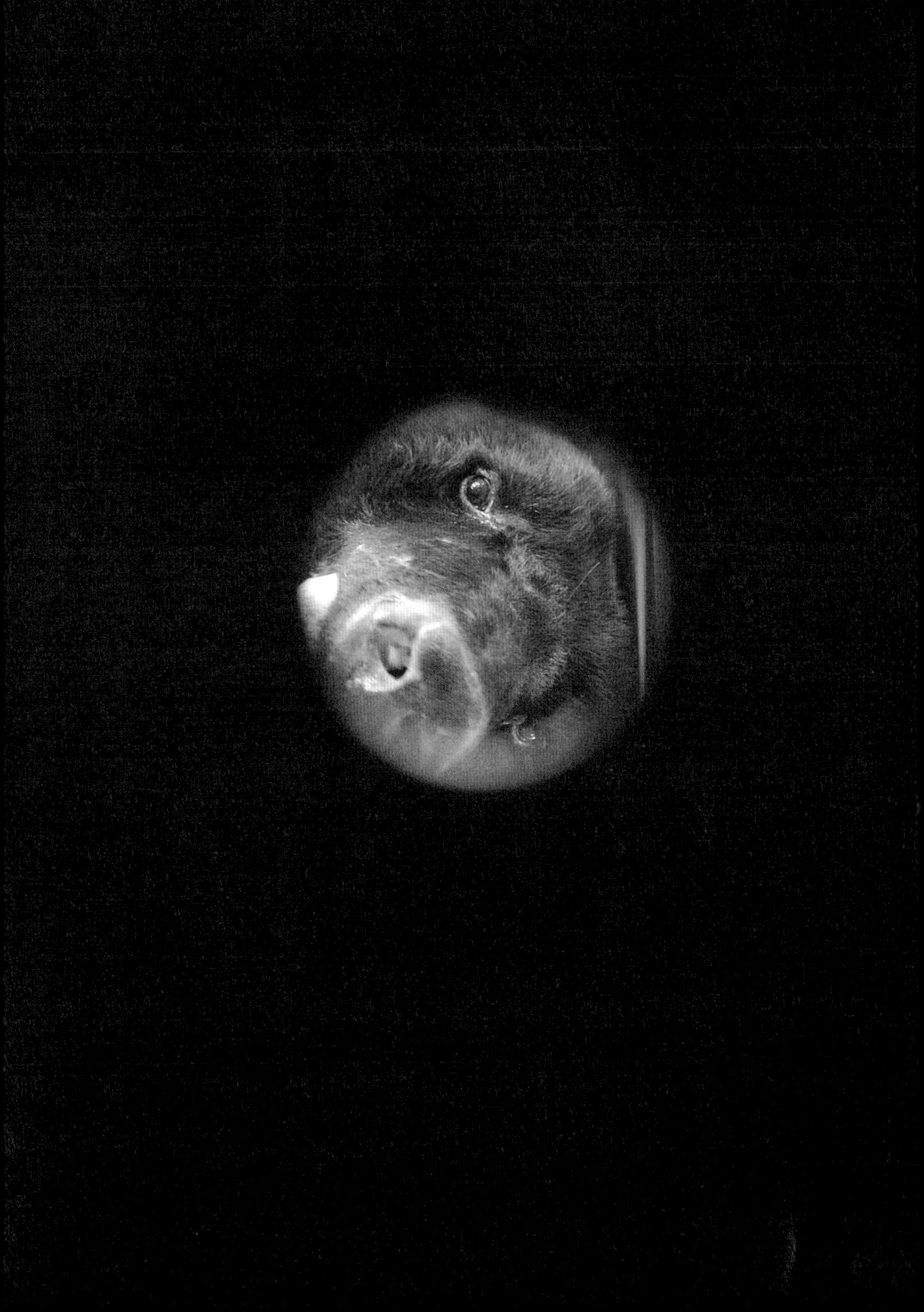

粉專，也引起了很大迴響。

除了當時參與的林保署及各分署人員，對於五六八都產生了意想不到的牽繫，當影片開始在部落、社教機構以及網路播放，也讓部落居民及都會群眾有機會了解五六八的生命歷程，還有反思人熊相處之道，更激起了許多意想不到的漣漪。

林保署舉辦首映會時，特別邀請五六八原棲地，大雪山周邊的苗栗泰安麻必浩部落，以及台中和平桃山部落，以及後來接納牠的丹大達瑪巒部落居民北上觀賞。這部紀錄片既沒有絢麗特效也不灑狗血，卻讓現場出現一片啜泣聲，尤其看到五六八翻山越嶺一路往北，似乎想回到大雪山的家，更讓原棲地居民特別有感。

麻必浩部落發展協會理事長吳國雄，指著身旁的太太林志英說：「哭得可慘了，她哭掉了一包衛生紙！」林志英則說：「我只要一看到牠開始往北走想要回家，我就開始哭了，牠一直走，我就一直哭！」

麻必浩是傳統的泰雅族部落，當初居民並不反對讓五六八在原棲地野放。林志英說，其實黑熊並不會主動攻擊人，人對黑熊而言也是不可食的動物，但是因爲大家不了解牠，恐懼會讓人因此不去想其他的可能性，當初宣導也不夠，誤捕只要通報就沒關係，「牠的犧牲很讓人心痛，但是很值得」。

曾經被五六八多次滋擾的桃山部落，當初多數人反對五六八放回原棲地，而當居民看到五六八因爲想回家而遭遇不幸，心情也很複雜。其中當初被五六八兩次滋擾工寮的張永星，在首映會上更是從頭哭到尾，首映會結束後，他邊拭淚邊告訴台中分署長張弘毅說：「早知道當時就讓牠在這裡（大雪山）野放就好了！」

事後，我到了桃山部落訪問張永星以及部落主席陳政治。張永星說，當初聽到五六八死掉了，他本來不知道五六八就是當初跑來工寮的七一一，以爲是不同隻熊。他看到紀錄片中牠一路往北走，就心頭一陣酸，「我知道牠一直想回來工寮聊聊天，是要回來看我啦」！

他看了片子覺得痛心，也感到很惋惜。「唉，是牠的運也是牠的命」，但其實大家是可以共存的，當初社區是第一次遇到，居民恐懼情緒很高漲。以前曾有老人家在山上看到活體的熊，但侵入社區是頭一遭，反應會比較極端，後來知道牠不會主動攻擊人類，「很傷感，滿後悔的」。

「如果你們知道黑熊是這樣的生物？那你們當初的決定還會有所不同嗎？」我忍不住追問張永星和陳政治。

「當時的我不清楚、不知道，現在發生這件事情，我終於知道了。」張永星看著我，緩緩地說。

本身就住桃山部落的台中分署護管員葉飛說，當初傳出五六八的死訊時，大家都來關心「是不是那一隻熊」？「我也崩潰了，因爲電話被打到崩潰！」他說，五六八鬧事鬧了兩個多月，社區都有巡守隊協助驅離，花費這麼多人力、物力，最後的結果卻是這樣，眞的很不捨。後來紀錄片到社區公映，有部落居民看完後邊哭邊跟他抱怨：「為何要放到南投去？」「啊當初問卷調查不是說反對在這裡放……」「沒有啊，我們只是說放遠一點，沒有說放到南投！」

他說，後來社區居民了解動物的習性後，大家通報得很勤，還有人通報家裡的狗被黑熊咬死，他們到了現場才發現結果凶手是黃鼠狼。其實只要讓居民們知道正確的資訊，他們（對熊）的壓力也不會那麼大。

就連當初力勸族人接納五六八的達瑪巒部落前會議主席松光輝也都自責，「當初答應是對還是不對？」他甚至想，早知道不要答應，但他又轉念一想，「也好啦！」牠這樣走或許很開心，而現在牠可以自由自在了。他看到五六八一路往大雪山方向前進，也忍不住讚嘆「太厲害了」，他覺得這就是動物的本能，根據感官知覺，看月亮、感受風，知道家在哪裡。他也相信，經過這一次，下次若再有野放，應該就不會發生誤殺情形。

大家看這部片的「哭點」都不盡相同。顏妏如觀察，最多的觀眾是在劉立雯突然轉身啜泣時被她共情，跟著落淚。五六八遇害後一年，我再問劉立雯的心情，如今她已然釋懷。她說，其實動物在野外會遇到的困難本來就很多，現在心情比較平靜了，她後來再想，「我寧願牠的生命是在野外結束，不希望是在圈養中結束。」

對於每個看過紀錄片的人，顏妏如說，大家都能在影片中找到自己的角色、找到自己的位置。作爲一個拍攝者，她不想給任何觀眾一個答案，因爲自己找問題、想答案會更有力量，而思考會帶來行動，會比給答案更有行動力，讓大家可以藉此去想：我可以爲黑熊做些什麼？當啟發行動，就產生價值，五六八的生命就更有意義。

她說，雖然這故事記錄的是一隻台灣黑熊，但也是很多野生動物處境的縮影。五六八其實是一個「轟轟烈烈」的媒介，透過牠的故事，她最意外的收穫就是民眾因此關注到野生動物救傷的問題，大家才知道原來每年救傷了這麼多動物，且根據讀者的回饋，關注此紀錄片的年齡跟職業範圍非常廣，當中有機師、廚師，小二或小四的學生。曾有小朋友看完哭著問顏妏如：這是真的嗎？讓她驚訝的是眾多觀賞者的眼淚，她自己是拍攝者，拍出的影片可以產生這麼多共鳴，她除了謝謝每一位保育人員，也謝謝每一滴的眼淚，讓這部紀錄片長出自己生命的模樣。

不過，從原住民的眼光觀影，心情卻不大相同。官大偉說，當代討論保育自然資源、人地關係，聚焦在國家要跟原住民取得合作，現在原住民跟國家的關係開始有了一些調整，如果一支影片卻是聚焦在黑熊的故事、投注在大家如何保護牠，雖然他知道林保署拍這部紀錄片，其實是試著跟社會及動保團體對話，但是「過度放大了這隻熊，這樣會不會失焦」？他坦言，一開始他看這部片子是帶著戒心，直到他看到片中並沒有用很煽情的手法來講述黑熊被三個獵人殺害的經過，而是用清楚但簡單的方式帶過，他才改觀。

他也說，其實在泰雅族的文化中，人與熊關係是很特別的，會把人比作熊，會形容「像熊一樣的人」，也會把熊比作人，因此殺熊就跟殺人一樣。在原住民文化中，殺熊本來就是很嚴重的事，不會爲了要殺牠而殺牠。

五六八事件後兩年，二〇二四年五月十六日，林保署台中分署再次野放一隻被命名爲 Ziman 的小黑熊。Ziman 是在二〇二三年十月間受困陷阱，被苗栗縣大安部落族人張瑞慶發現，經台中分署、生多所，以及部落族人合力救援。歷經七個多月醫療照養復原後，在原發現地點附近野放重返山林。

這也是在五六八之後，台中分署首隻配戴頸圈在野放後進行追蹤的黑熊，緊盯著衛星回傳的移動點位，洪幸攸又回到心情隨著黑熊活動軌跡上上下下的日子。結果，野放後隔天，Ziman 的訊號就呈現停滯狀態，而且連續兩天都沒有移動。

執行追蹤的姜博仁認爲，雖然 Ziman 沒移動，但也沒從發報器接收到頸圈溫度與環境溫度一致的「死亡訊號」，研判 Ziman 可能還在摸索環境、停留覓食，才會固定在一個地方，但當初親手挖出五六八屍體的郭熊卻很緊張。林保署台中分署長張弘毅說，其實野放的黑熊，有時候甚至會一個月都沒有移動的軌跡，但由於牠停留的地點過去是牛樟芝盜伐區，郭熊擔心當地可能還留有一、二十年前的獸鋏，雖然時日久遠了，但誰也不敢保證大口徑的獸鋏是不是還有作用，「再加上是隻小熊，我們會比較擔心，還是去看一下」。

因爲現場是大崩壁，人員難以接近，張弘毅於是指示護管員在現場施放沖天炮持續製造聲響，直到接獲衛星訊號顯示 Ziman 離開原停留位置，往東移動，大家才鬆口氣，讓現場人員撤回。後來 Ziman 移動後不到一公里「又不動了」，不過研判是現場環境阻隔讓衛星訊號接收不易，而且也沒有發出死亡訊息，「我們就沒有那麼害怕了」。

「只要一沒訊號，我們就都很緊張，畢竟是我們野放的熊，是我們的責任。」洪幸攸也說出她的眞心話。顯見五六八事件，不論是對負責執行追蹤的團隊或是台中分署，留下的陰影依舊揮之不去，都成了驚弓之鳥。

第十一章

死了一隻熊後

五六八此案經過檢方的審理，二〇二二年九月二十一日將三名被告依違反野生動物保育法、刑法毀損罪提起公訴。

在案子進入法院審理後，台中分署承辦人員范家銑多次配合出庭。范家銑說，在法院審理過程，她發現三名被告態度都很配合，對法官訊問也有問必答。

祖孫三人除了因爲殺害或教唆殺害黑熊而違反野保法，還因爲毀損黑熊身上價值二十四萬五千八百三十三元的衛星發報器項圈、且無法尋回，因而遭台中分署依民法請求賠償。

一般而言，在這類刑事附帶民事賠償的案件，法官在審理時，通常會審酌在民事部分是否已達成和解，作為被告在刑事上是否有「悔意」的量刑依據，而林保署開出的和解條件，就是嫌犯必須賠償衛星發報器項圈的損失。

但林華慶說，許多部落族人的經濟情況並不好，月收入不滿萬元的大有人在，他擔心將近二十五萬元的衛星發報器項圈賠償費用，對這三名犯嫌會造成沉重負擔。其次，他也思索著，除了讓犯嫌付出違法的代價，能不能讓這件事對保育有更積極的正面意義？他突然靈光一閃，想邀獵人擔任林保署的黑熊保育大使，他們不需要在公開場合亮相，只要幫忙發送DM與小物給部落族人，宣導誤捕黑熊的通報資訊、免費換發改良式獵具等新推出的保育政策，以換工的方式折抵衛星發報器項圈的賠償金。

於是林華慶請台中分署聯絡犯嫌，但台中分署與犯嫌並沒有直接的聯繫管道，只能透過他們的辯護律師轉達。一段時間之後，辯護律師以馬姓叔姪有固定收入，加上田姓祖父身體不佳及不擅言詞等理由婉拒了林保署換工的提議，只表達願意全額支付賠償費用，但希望採取分期付款，此事因而不了了之。

不過，事後我問起擔任祖孫三人對外聯繫窗口的馬姓叔叔，為何一開始不願採納林保署的建議，他卻表示對此事並不知情，律師只是告訴他們可以分幾期賠償項圈費用，「也可能因為我人在金門，律師是直接問我媽媽吧」。得知會有這段「插曲」，讓他頗感意外。

二〇二二年十一月二十九日，南投地方法院判決，田姓祖孫獵人，處有期徒刑十月與六月。又因毀損衛星發報項圈，處有期徒刑三月和二月；至於涉嫌教唆殺害黑熊的馬姓叔叔，則判處有期徒刑六月。但法官審酌三人是自首，予以減刑，加上沒有前科紀錄，馬姓叔叔在軍中亦表現優異，犯後態度良好，已與台中分署達成賠償毀損項圈的和解等，均可緩刑三年。[22] 法官也裁定，緩刑期間除需付保護管束外，也需另外提供一百二十小時義務勞務、接受三場法治教育課程。此時，林華慶又再想起先前希望讓獵人祖孫擔任黑熊保育大使的念頭，「讓他們協助政府，跟相對熟悉的族人傳達黑熊保育政策，會比他們去都市舉牌子宣導交通安全來得有意義」，他請台中分署詢問南投地檢署意見，負責督導義務勞務履行的觀護人也同意此一做法。此時，台中分署也終於與馬姓叔叔取得直接聯繫管道，他表示自己在金門服役不方便，但其他兩位應可協助黑熊保育宣導。

二〇二三年五月二十三日一早，南投分署在南投仁愛鄉互助國小舉辦《一隻台灣黑熊之死》紀錄片播放及黑熊保育宣導活動。小朋友看完紀錄片後，現場舉行有獎徵答，現場兩位志工穿梭其間協助發放獎品。除了南投分署與南投地檢署人員，現場沒有人知道擔任志工的就是布農族獵人祖孫。在紀錄片播放時，坐在最後一排的祖孫兩人盯著螢幕，臉上看不出太多的表情，偶爾低頭若有所思。

事發後，這對祖孫承受了極大壓力，「我很傷心、一直哭，晚上也睡不著覺，」田姓爺爺說，他太太問他怎麼都不睡覺，「因爲牠（五六八）

22 陳韻如，〈誤捕台灣黑熊！祖孫近距離射殺牠　叔叔隔海指導棄屍……3人下場曝〉，ETtoday，二〇二二年十二月一日。

每天在我眼睛裡跑來跑去！」因爲擔心孫子會丟了工作，一開始他向檢察官表示，槍都是他開的，想一肩攬下所有責任。雖然他們幾年前已經搬離武界落腳埔里，但田姓爺爺假日還是會回到武界當志工，跟鄰居串門子，但那一陣子他都不敢回去，「怕人家說我是殺熊的凶手」，更背負「破壞村莊名聲」的指責。

「其實部落都知道是我們，會在背後指指點點，」馬小弟說，當時他以爲抓到山豬，但因爲毛很黑又很大隻，爺爺跟他說是黑熊，他也嚇一跳。「那你知道誤捕黑熊通報就沒有罪嗎？」他搖了搖頭，「也不知道可以打給誰、要打幾號，一一九嗎？」我問他還打獵嗎？馬小弟說，三年不能打獵了。但其實法官並沒有要求緩刑期間不能從事狩獵，只是祖孫擔心萬一打獵又不小心再誤觸法網，暫時也不會上山了。

「姪子打給我的時候很緊張，我以爲現在不可以使用山豬吊，不可以被外界知道，才會要姪子殺了黑熊，」馬姓叔叔告訴我，事發後，他們三人每天心情都不是很平穩，後來爸爸猶豫幾天後，決定去警察局自首，

「不知道這麼嚴重」。

馬姓叔叔說，其實他自己也很害怕，因爲他是職業軍人，很擔心無法順利退伍，他的臉書更遭到網友肉搜、灌爆，幸好在被宣判緩刑後，最後他還是順利退伍。他說，過去武界沒有出現過黑熊，因爲黑熊不可能出現在這麼低海拔的地方，別說是他，打了一輩子獵的爸爸自己也沒遇過，部落也沒有太多宣導誤捕黑熊可以通報，「現在當然知道了」。

除了三名獵人，當時武界部落更承受了「殺熊部落」的汙名壓力。事發後一年，我也來到了武界部落造訪法治村長葉阿良，也想聽聽部落因爲這件事，有了什麼樣的改變。面對我的造訪，法治村長葉阿良雖然客氣，卻顯得有些意興闌珊：「事情都已經過那麼久了，該講都講過了，還有什麼新的嗎？」從他的言談仍可感受到，即使已經過了一年，五六八事件仍讓武界背負不小壓力，也是一個不願再多碰觸的傷口。

葉阿良的住家四周掛滿了不少動物的獸骨、牙齒、皮毛，展示著代代相承的獵人「勳章」，但五六八事件也讓武界這個布農族傳統部落蒙

獵人祖孫在台灣黑熊宣導活動擔任志工。（林業及自然保育署／授權使用）

上揮之不去的陰影。對於獵人誤殺黑熊，獵人家族出身的葉阿良說，武界過去從沒出現過熊，不要說是他或是獵人，就連耆老也都沒看過，「看過最大隻的就是水鹿」。

而部落間的人際網絡綿密，彼此或多或少都有親屬關係，事發後，大家很快就得知獵人身分，成了部落間暗自流動不能說的「祕密」。

對於外界要求嚴懲獵人的聲浪，「罰那麼重幹嘛?互相嘛!」葉阿良不以爲然地說，他相信田先生不是故意殺黑熊，「我看他也是很緊張，很久都睡不好，哪一個人看到這個東西不會慌，」他應該也不知道誤捕通報就無罪。葉阿良說，後來南投分署有再來宣導很多次，重點是要讓村民知道眞碰到了該怎麼處置，不會再發生誤殺情況。

「很可惜，他們搬到埔里去沒有聽到（廣播）。」法治村社區發展協會理事長蔡進興與田姓祖孫是舊識，他說布農族傳統是不獵熊，「有人因此生病、死掉」，但碰到熊，獵人也很危險，殺了熊是唯一能活下來的方法。對於五六八事件，他感到很遺憾，「打了這個東西（黑熊），一定會有事情，代價實在太大了，只能說他們很倒楣。」事後他自己看到紀錄片，也哭了。

但對於網路上的一片撻伐之聲，要求嚴懲獵人，蔡進興也不以爲然，「他們都要自殺了，給他們一次機會嘛！」他激動地說，原住民不懂法律，現在大家都太強調動物的重要性，「對山上的人、原住民有沒有太超過？」現在猴子數量比原住民不知道多出了好幾倍，「牠們把我們東西弄壞了也都沒有賠償」。現在他們配合林保署，一起共管山林，也是黑熊的好朋友。

第十二章

獵人的眼淚

案子審理一段時間後，衆人面臨該如何處理五六八遺體的問題。由於五六八遺體被視爲司法證物保存在冰櫃中，就位在台中分署長宿舍的隔壁。「我每晚回去睡覺都會經過冰櫃，整整跟牠一起『睡』了半年。」分署長張弘毅迄今難忘那段「伴熊」的日子。

當時有民間團體洽詢林保署，希望索取五六八遺體做成剝製標本，被林保署回絕了。林華慶說，一方面是五六八經過槍傷重擊與病理解剖，遺體已經支離破碎；另一方面，在五六八死後，所有相關人員才赫然發現，五六八在大家潛意識中早已超越一個單純的野放個體，跟每個人都產生深刻的感情連結，「（做成標本）我們眞的都不忍心」，但怎麼處理牠的遺體，林保署也還沒有具體想法。直到後來姜博仁向台中分署提議，既然牠生前回不了家，不如由大家送牠回家，「大家一聽到都毫不猶豫地說：對，送牠回家」。

然而，中間有一段插曲。林保署決定送五六八回家後，原本希望用火化的方式將牠送回大雪山，後來因緣際會碰到一位原住民巫師，便透過巫師詢問五六八意見，巫師建議至少頭顱不宜火化，但五六八也透過巫師轉達：牠覺得很冷，希望趕快回家。巫師還說，黑熊是山神的使者，五六八當時是在丹大受山神之託，要帶口信給另一座山的山神，沒想到完成後卻在回家半路被害，把五六八送回，牠就能繼續擔任大雪山山神的弟子。

因此在台中分署人員前往南投地院蒞庭前，林華慶也事先交代分署人員要向法官轉達五六八說牠想趕快回家，「法官等人聽完只有微笑，但也沒多說，其實我們是認眞的。」我聽了也笑了，林華慶正色地說，因爲他們都能感同身受，相信五六八一定想趕快回家。但從南投地檢署到地方法院，都不同意台中分署在結案前先處理遺體。

好不容易等到二〇二二年底法院審理完畢，並且確定被告不提起上訴，五六八才終於可以回家了。

二〇二三年二月十四日這天，攝氏不到十度的大雪山上飄著細雨。在當地泰雅族斯可巴部落長老的吟唱祝禱聲中，走了好久好久的路，五六八終於到家了，在黑熊最愛的殼斗科樹木包圍中長眠。從大安溪到大甲溪軸帶也是黑熊活動的熱點，屬於中海拔針闊葉混合林的大雪山剛好就位在兩溪間的中介點，在這裡，五六八不僅食物充足，更不孤單。

這天，來送五六八回家的除了林華慶、張弘毅、台中分署人員以及協助執行衛星追蹤的野聲團隊外，其中有三個始終低著頭的身影，躲著與其他人的眼神接觸。

在長老吟唱結束後，眾人輪流對五六八說出祝福與感言。林華慶不只用人類給的編號五六八，還呼喊山神給的名字告訴牠：「得樂（De

Le），我們克服了很多困難，終於今天送你回家，請你跟著山神共同守護這片山林，我們也會跟你一起努力，今天來自武界的三位獵人也一起送你回來。」[23]「很抱歉！五六八回家吧！」馬姓叔叔一開口便泣不成聲，他用布農族語告訴五六八，「到山裡去，好好住在山裡，照顧山林裡的熊們，告訴牠們切勿接近人類的聚落。」

此時的森林一片靜寂，連鳥都停止啼叫，迴盪著獵人的哭泣聲。[24]「我們所親愛的黑熊，你已經在這片土地裡了，我想在這跟你說聲對不起！祝福你好好的走。」、「五六八我們很抱歉，安息吧！謝謝五六八。」三名獵人流著淚向五六八表達歉意後，雨也停了，這時，突然來了一陣霧又起了一陣風，像是山神來帶走了五六八。

最後，眾人將殼斗科果實灑在五六八長眠地的四周，結束了五六八「回家」的儀式。三名獵人原本緊繃的神情放鬆了，一行人步行到附近開闢的熊花園，林保署計畫在這裡設置一個紀念五六八的小小園地，希望可以讓人反思人熊之間的相處之道。林華慶邀請三名獵人跟他們一起午餐，獵人也承諾未來會在部落擔任黑熊保育宣導工作，並推廣改良式獵具換發。

為何想邀請獵人一起送五六八回家？「我一直認爲這三名獵人一定承受很大的壓力。」就在台中分署忙著籌備送五六八回家時，林華慶想到，原住民雖然有不同的族群，但不論是部落間打仗或是個人跟個人間的恩怨，在原住民的文化中都有和解的儀式，「和解」這兩個字從他的腦海中浮現。

「我突然想，獵人也許會想跟黑熊和解，也會想跟林保署和解，若邀請他們一起到大雪山送五六八回家，也象徵三方的和解。」於是林華慶立刻請張弘毅詢問獵人的意願，但因爲台中分署先前與獵人的聯繫並不順

23 林業及自然保育署，《一隻台灣黑熊之死：711/568的人間記事》，YouTube。
24 同上。

利，他也沒把握。所幸後來張弘毅表示可直接聯繫馬姓叔叔，對方也一口答應，不僅特地自軍中請假從金門飛來，還表示三人都會到。

「他們願意來，我其實很高興。」林華慶說，三名獵人一開始的神情都很緊繃，看得出承受了很大壓力，但送五六八回家後，「我看到他們壓力都釋放出來」，一行人在參觀熊花園時，他們也比較能輕鬆聊天。

對於林保署主動邀請一起送五六八回家，獵人祖孫三人都很驚訝。馬姓叔叔說，一開始他其實也

（右） 衆人在 568 的長眠處撒下橡樹果實。
（中） 568 終於回家了。
（左） 三名獵人一起送 568 回家，並向牠訴說感言。

（林業及自然保育署／授權使用）

有疑慮，擔心會被「公審」，但台中分署向他們說明這是非公開行程，而且雖有影像紀錄但不會讓他們露臉後，他很快就答應，甚至連他的媽媽都想來，只是因爲身體難以負荷長途跋涉而作罷。

其實從案件進入法院審理開始，林保署的態度就讓祖孫三人出乎意料之外。馬姓叔叔說，一開始上法院時，他很訝異出庭的台中分署人員並沒有用嚴厲的眼神或言語指責他們，反而表示他們自己宣導黑熊保育的力道還有待加強。馬姓叔叔說，之前知道他們不小心殺了林保署保育的黑熊，心想一定「完蛋了」，因爲過去他的叔叔是林保署前身林務局的外包廠商，林務局對原住民向來都很凶，都是先講法才講理、情，但現在不一樣的，會先講理、情才講法，讓他對林保署改觀。

送五六八回家前，馬姓叔叔就看過紀錄片《一隻台灣黑熊之死》，才知道五六八幾次中了陷阱、照養後又被野放，「有那麼多人救牠，我對牠有一種虧欠，」當天才會如此激動，他那天想說抱歉卻沒有說出口的對象，還包括對林保署的人。他說，參加完後，心情比較輕鬆了，過去原住民跟林務局關係不好，但「和解才有下一步」，他現在也都會將林保署臉書宣導黑熊保育的文章轉發到部落粉專，上面有很多年輕人，希望可以幫忙黑熊保育宣導。

田姓爺爺雖然多年前舉家搬到埔里，但假日都會回到武界擔任巡守隊志工，幫忙控管當地著名景點思源吊橋的人數。五六八事件後，他有很長一段時間不敢回到部落，隨著官司落幕，在送完五六八回家這個關鍵事件後有了轉變，「最近不一樣了，會主動回來幫忙了，」法治村社區發展協會理事長蔡進興說，剛開始田姓爺爺會躲來躲去，不敢回來部落，二〇二三年四月開始，不僅又重回志工行列，心情看起來也輕鬆許多。

這段送五六八回家的畫面後來也剪輯在《一隻台灣黑熊之死》紀錄片末尾。導演顏妏如說，她當時獲知獵人會出現時非常驚訝，再三地反覆確認，擔心他們知道現場有攝影鏡頭而退縮，這在過去她的拍攝經驗中經常發生；她也知道這些獵人面臨很龐大的社會壓力，但他們並非蓄意的商業獵捕，也要面臨社會道德壓力，當她看到他們道歉後的釋然，覺得「大家有面對的機會，道歉過後有往下走的勇氣」。

林保署邀請獵人送五六八回家、訴說感言的做法，這讓我聯想起國外行之有年、這幾年也開始在台灣推動的修復式正義（司法）。根據聯合國的定義：「修復式正義是一種用以修復犯罪者與被害人、犯罪者與社區之間因犯罪行為所造成損害的一種方式，並藉此方式了解犯罪行為對關係人的影響，從而加以修復與反思其過犯。」[25]我問林華慶是否是從修復式正義中獲得的靈感，他倒是說得坦白：「我雖然聽過這個名詞，但沒有深入了解其意義，我只是覺得這麼做，才能讓保育往前走。」

然而，林保署選擇不對立的做法卻引來論戰。從法官判三名獵人緩刑，再到邀請三名獵人送黑熊回家，林保署以及台中分署的臉書粉專遭到網民留言圍剿，批評獵人流的全是鱷魚的眼淚。許多網友認爲法官之所以輕判，就是因爲台中分署要獵人賠償衛星頸圈，更不滿林保署非但沒有「站在保育的角度」爲黑熊討公道，還跟凶手和解，林華慶的決定也讓自己與相關第一線人員都承受了極大的壓力。

其實，林保署大可順著網友跟進輿論風向對獵人喊打喊殺，展現行政機關的「魄力」，但爲何不選擇這樣做？「回到事件本身，這三個獵人並沒有要殺害五六八的惡意，更沒有利用牠的身體。」林華慶在公部門推動保育工作多年，他深知政府要進到部落宣導不容易，雖然獵人犯了法，但是用和解的方式，可以讓他們成爲協力黑熊保育的志工，「因爲保育的關鍵是在這些山村部落，」他更希望促成人與人、人與自然的和解，因爲也只有和解，才能共生、共好。

當我告訴林華慶馬姓獵人已成爲他們的宣導夥伴，他反問我：「這就是我希望『和解』的用意，當時我們蒞庭時如果要求法官嚴懲重罰，你覺得結果會如何？」沒等我回答，他又說：「獵人觸法是因爲資訊落差，不知道誤捕通報可免責，如果沒有透過和解同理彼此，重罰洩憤也只是讓獵人憎恨政府，對保育不會有任何的改善。」

我也問馬姓叔叔同樣的問題：「如果當初林保署要求法官嚴懲，最後你們也被判了重刑，現在結果會如何？」「那就是算我們倒楣啊！但我們心裡也不會服氣。」

七一一持續滋擾山村部落期間，桃山部落除了及時通報台中分署，也積極配合台中分署，拆除了二百多具套索與陷阱。當時，林華慶特別到桃山部落舉行表揚活動，除了感謝村民包容七一一，也強調他們爲保

25 黎勝文，〈修復式正義是什麼？在司法中扮演的角色爲何〉，法律百科網，二〇二二年二月十一日。

育黑熊額外付出的成本政府會承擔，不會讓村民孤獨面對，此外政府也會補助架設電圍網。他不忘向台下的村民再次宣導，未來發現有黑熊受困或受傷，請通報分署，還會有通報獎金，並適用全台的山村聚落，「只有你們才能讓台灣的保育長久」。

過去政府或是民間關注野生動物保育議題，往往只看到「物種」的存續或安危，忽略了與物種生活在共同空間的「人」的需求與處境，最後結果常導致兩敗俱傷。遭遇獸害或被限制開發的在地居民承擔了破壞保育的道德壓力，但野生動物也得不到有效的保育庇護。

林華慶說，當他獲悉黑熊侵入工寮破壞農民的冰箱，就馬上請台中分署長聯繫當事人說會幫他們換新冰箱，目的就是不要讓村民覺得很孤單、獨自面對獸害，要讓居民知道政府跟他們站在一起，「居民如果覺得政府只關心黑熊，不在乎百姓，居民不會認同保育」，不能讓黑熊或石虎成爲鄰避象徵，要讓在地居民站在保育的最前線，政府就要在背後力挺。

姜博仁也說，如果當初眞的選擇照著網路上要求嚴懲獵人的言論發展，或許符合了某種主流社會的期待，但對更多原住民社群是一種霸權、沙文的做法，他們迫於法律，有些事情就是變成地下化，長遠來看，對保育不見得是好的發展。現在的做法雖然緩慢，但改變是很巨大，如今的法官不會只從法判決，還會兼顧情、理、法，思考爲何有這個犯罪？背後有什麼背景，法官也必須有所考量，不能隨之起舞。

他說，現在國際主流講的是在地保育，但嚴刑峻罰對保育不一定有幫助，畢竟政府保育人力有限，要靠很多跟野生動物生活在同一個領域的偏遠山區居民，他們能夠因爲發自內心的認同、成爲政府第一線的保育助力，才不致發生公有財悲劇。

除了在山林從事黑熊保育並與原住民深刻互動，郭熊也常受邀演講談他的山林經驗，扮演山村居民、都市群衆及動物間「轉譯」的角色。他認爲，創造共好的價值很關鍵，在IUCN裡談到防治人獸衝突，強調在地組織可以參與其中。

他也提到，黑熊保育觀念隨時代演進，有不同的階段，過去從學術人員擔任吹哨者，透過學術界的聲量讓大家注意到；如今談黑熊保育，已經不是單從動物的角度，是要從經營管理的邏輯走向在地參與，而部落是很關鍵的角色，因為當地居民很清楚牠們的生態，如果他們不跟政府及研究人員合作，就會事倍功半。只是過去部落跟政府對立，也不信任政府，與在地部落互動深刻的森林護管員角色就很關鍵。

但他也提醒，面對黑熊滋擾，日本、美國的做法都是直接射殺，現在台灣社會在不可能移除任何黑熊的情況下，如何處理人獸衝突、救傷會是接下來很重要的議題，因為「遲早會再發生」。

長期深入部落的學者也認同「和解」的做法，如果當初的結果是嚴懲獵人，他們現在一定是站在對抗政府的那一面，他們不會真的理解自己做錯了，更不會變成生態保育的義工，「如果只是上對下的懲罰，他不會服你，只是下次看會不會那麼衰，」只有站在對方的觀點並理解，讓對方感覺到同理心，「知道你的想法跟我的想法沒有衝突」，這樣才是最好的做法，因為大家的目的是希望保育動物而不是懲罰人類。

第十三章

難以跨越的大山

從網路上幾乎一面倒地譴責獵人、批評林保署「放水」的反應，仍可看到都會群眾對山村聚落居民處境，以及對於原住民狩獵文化的理解之間，仍存在難以跨越的「大山」。

五六八遇害後，林保署大力在山村部落宣導誤捕黑熊通報免責、推廣改良式獵具及電圍網等，「這些都是在回應主流社會的要求，但現在政府做的比較少的是相反的方向，」姜博仁說，如何讓主流社會理解山村人民生活的面向，包括野生動物對於農作物的危害，也很重要。五六八事件後，他看到新聞底下很多酸民的留言，包括要求嚴懲獵人、咒罵原住民，在他看來，政府同時也要讓都會居民及社會大眾理解與同理，他們爲何要這樣做以及彼此文化上的差異，互相了解，「但這部分只有林保署做是不夠的」。

作爲少數族群，爲了生存，原住民自小必須努力融入主流社會，甚至被迫失去了根及傳統，但強勢族群如何理解並同理弱勢族群的處境與文化，在台灣的教育系統中的族群教育可說完全空白。之前台中一中園遊會，有班級推出「烯環鈉」（C_5H_5Na）飲品，涉及用諧音歧視性稱呼原住民[26]，繼而有台大學生張貼「火冒四．〇五丈」布條[27]，影射原住民升學優待制度，這些菁英學生對原住民的「微歧視」並非偶發事件，而是台灣欠缺族群主流化的具象表現。這可以從五六八事件中，主流社會對於原住民獵人及山村居民使用陷阱一面倒的撻伐聲浪，可見一斑。

身爲從小在阿里山偏鄉部落長大，又在主流社會多年「力爭上游」的鄒族人，浦忠成對於都會群眾與山村居民、漢人對於原住民的認知落差感受深刻。他記得自己還在念小學低年級時，要走很長的路才能到學校，有一回上學途中出現好幾條眼鏡蛇，他嚇得跑回家，後來上學前還要爸爸帶著他先把蛇給趕跑，才能順利到學校，「城市的人不用面對這個問題」，他認爲最重要的還是要有同理心，理解原住民所處的環境。

要增加都會民眾對原住民的理解，浦忠成認爲，公務體系裡的宣導教育真的很重要，這也是過去長久以來欠缺的，教育部、原民會及農業部可以好好合作，透過「磨課師」（大規模免費線上開放式課程［Massive Open Online Courses, MOOCs］）的設計，針對原住民狩獵文化，將包含不同的族群、型態、意涵，以及獵場的制度、一定的季節才能狩獵等文化的內涵呈現出來。

而從王光祿案到五六八事件，十年後再回望，民眾對於狩獵文化的

---

26 編注：此爲閩南語諧音。「番仔」（huan-á）爲過去對原住民的稱呼，但有歧視的意味；「烯」字發音則音同台語的「死」（sí）字。

27 編注：取「火冒三丈」的「三」乘以一．三五倍卽爲四．〇五，而具原住民身分者成績可加權百分之十，若通過文化學習（族語認證）者可再加權一．三五倍。

了解有進步嗎？

「如果是從法院見解的改變，是有的。」曾參與王光祿案辯護的原住民法扶中心花蓮本部主任、律師林秉嶔說，過去原住民在非祭典期間、未事先申請的狩獵行爲，且就算是傳統文化包括非營利自用，「反正就是違法，連談都不用談」，王光祿案從地方法院到高等法院再到最高法院一步一步打上來，他觀察這十年來，在訴訟審理階段，司法人員有慢慢理解原住民狩獵行爲。

「司法是有進步的，但大的環境還是有改進的空間。」林秉嶔觀察，包括林保署要修法放寬狩獵，還是遇到敵視、反對原住民文化的觀點，還有原住民獵槍管理，還是有人會質疑爲何原住民可以使用獵槍，認爲會妨礙治安等似是而非的論點。主流社會其實還是沒有那麼理解狩獵文化且帶有偏見，這讓從事狩獵活動的原住民不安，也讓司法人員面臨壓力，一方面檢察官或法官知道原住民有《原住民族基本法》的保障，但主流社會還是會有批判、給予壓力，一旦案子被起訴，就會影響司法人員辦案的心證，這些對原住民來說都是莫名的壓力來源，也會因此遭受不公平的對待。

林秉欽就實務上協助原住民面對法律訴訟的經驗提醒，原住民常處於經濟與資訊弱勢，因此政府在針對他們文化實踐中會遭遇的狀況，一定要確實宣導。在五六八事件中，獵人就是因爲擔心使用「違法」山豬吊被罰，才會槍殺黑熊，事實上現在並沒有全面禁絕山豬吊，應要極力避免他們對法律誤解而產生悲劇。

「一般人無法理解在山上生活的樣貌，萬一有野生動物跑到自己的家裡（該怎麼辦），更難以理解文化面。」林秉欽說，原住民狩獵文化是進入到他們的生活脈絡中，是他們生活的一部分，卻只是都會人茶餘飯後的話題，但就跟平地人過年放鞭炮傳統一樣，「如果有一天被全面禁絕，大家做何感想？」他認爲，原民會、林保署及保育專家有必要跟主流社會說明、宣導不同情境與文化的差異。

包括王光祿案在最高法院確認無罪後，雖然律師團與原民團體都肯定這是一個「勇於承認錯誤」的判決，但在網路上仍引發不小批評與質疑聲浪，顯見社會對於狩獵文化的理解還有一段長路要走。

一般人會認爲狩獵活動看似跟動物保育背道而馳，但林秉嶔說，其實當中蘊含保育觀念。相較等到動物快滅絕了才發現問題，獵人不會希望自己的獵場動物被打完，因此在想要永續使用自然資源情況下，他們會比其他人更敏銳在乎獵場（棲地）的健康與否，不會無止盡地無差別狩獵，也會比林保署更了解獵場的變化，然而「一般人的保育觀念，看到一隻野生動物死掉，就好像要滅絕了，但其實眞正要關注的野生動物保育，是群體數量與棲地環境的健康，而不是個體一隻、兩隻的存活」。

「重點是人與環境的關係。」

在台北二二八公園一隅有個突兀的帳篷，這是原住民歌手 Panai Kusui（巴奈・庫穗）跟伴侶 Istanda Husungan Nabu（依斯坦達霍松安・那布）爲了抗議《原住民族土地或部落範圍土地劃設辦法》排除私人土地，從二〇一七年在凱道及二二八公園輾轉露宿紮營、展開長達二六四四天的柔性抗爭，直到二〇二四年五二〇蔡英文總統卸任，巴奈與 Nabu 宣布拆掉帳篷，才終於「回家」。

被稱爲布農族智者的 Nabu，在我訪問他之前，他已看過了《一隻台灣黑熊之死》紀錄片，對於這起原住民與黑熊間的衝突，他認爲，關鍵在於林保署跟原住民尚未建立信任關係，政府要如何找出有創意的方法，讓獵人知道「通報就沒事了」。

Nabu 說，這種誤捕是一種互相撞擊，在布農族的傳統中，獵人意外捕獵了黑熊後，不能靠近種植小米的地點，必須在山上就處理掉，直到小米都收割了才可以回家，否則會招來不祥的厄運，「是要很低調處理的事」。但獵人回到家之後，家裡的婦人會很驕傲，事後會把熊皮拿出來「炫富」，這是一種文化實踐的欲望，「是自我 image（形象）味道的力量」。

熟悉原住民文化也跟 Nabu 熟識的郭熊說，在布農族傳統，野生獸皮的交易是一種正常的狀況，但基於文化及瀕危物種，原住民大部分都有獵殺黑熊的禁忌，但問題是「就是抓到了，怎麼辦？」所以原住民也會有一個「轉化」的過程，包括會割下頭顱、唱熊歌等；此外，他就曾遇到一名泰雅族的青年告訴他，泰雅族傳統裡，殺熊也會招來不幸，必須一命換一命，他的叔叔在殺了熊後不久就遭逢意外喪生，但他們也願意承受；即使是同一個族群、對於是否獵捕黑熊也有不同的態度，很難一概而論。

對於這起人熊悲劇，Nabu 說，有那麼多台灣人認識的原住民文化，以為只有唱歌、跳舞，還有皮膚長得不一樣，但其實原住民文化關鍵在於他們跟土地之間的科學運用，那是自然的一部分。因為人跑到山界，到了熊的必經之路，這些都是以人為本的想法，其實原住民跟動物一樣，都只是遷徙族群的一部分。Nabu 說，被那隻熊侵犯的果園，產生了人熊衝突，那是因為人跟自然物之間有界限，就像「族群跟族群是陌生的，人跟動物也一樣，彼此都是不熟悉的」。

至於如何化解人熊衝突，Nabu 認爲，關鍵還是要回到部落共同治理自然資源，就像布農對於空間使用的一套規範，不能無止盡地使用；彼此互相管理的義務，也就是政府的賦權，部落除了有權利也有義務，對外就是跟政府，對內則自我要求，重新建構符合傳統價值的文化，這都是轉型正義實踐的機會。Nabu 談的「部落共同治理自然資源」也正是林保署近年在各部落積極推動的狩獵自主管理背後的精神。

他說，以前只有少數的既得利益者可以跟政府合作，「林先生、林小姐（指林保署）都是我們最討厭的，」但現在權力下放到各部落，他認爲有好心的人可以做不一樣的事。

他認爲，轉型正義的意義就是不要讓誤捕黑熊事件再發生，由原住民自己規範，不能違反公約，孩子們也很小心維持這樣的關係跟進度，在這種良性的循環下建立行動方案，就能回到過往的型態，重新縫合原住民與山林的關係，「失去的珍珠項鍊就會變成藍綠白」。

對於林保署採取與過往不同的方式，選擇以和解的方式處理這次的人熊衝突，Nabu也肯定地說，和解很重要，「這樣才會跑出良性的循環」，他不是不相信現代法律，但那只是道德的底線，只有回到傳統在山林經驗的教導，改正過去國家管理做法，才能讓政府取得原住民的信任，慢慢建立一起工作、參與成爲夥伴，「沒那麼快」，但總得要重新攪動這樣的歷史。

第十四章

你有恨嗎？

二〇二三年五月，五六八走後一年，在武界部落族人的帶領下，我來到當初五六八最後被發現的地方。

該處如今已長出植被，空氣中的潮濕感，演示著森林無聲無息卻也日夜不斷的更迭。

此刻，我腦海中想的是：那時再次誤中陷阱的五六八，是不是以爲很快又會有人來救牠，才會像上一次那樣靜靜地等待著？

我有點不敢想像，最後在牠的眼中，看到的到底是什麼樣的畫面？

我不斷想起劉立雯在紀錄片中說的這句話。當五六八最後中槍跌落山溝、痛苦掙扎的那一刻，是否失去了對人類的信任？

回到大雪山的牠，快樂嗎？

於是我問了那位原住民巫師。巫師說，五六八原本是受野放所在地的山神之託，帶訊息給其他山神，在完成任務之後就準備回家，卻在武界遇害。五六八還透過山神告訴巫師，受困陷阱當時，牠原本是背對獵人，雖然聽到有人靠近，但並不以爲意，因爲牠相信人類，知道人是友善的，最後被殺了，牠也覺得很訝異；現在能夠回到大雪山山神身邊，繼續當祂的弟子，牠很高興。

「那牠還相信人類嗎？」這是我最想知道答案的問題。

「五六八說牠依舊相信人類，沒有恨。」

聽著巫師述說，我突然陷入了某種魔幻小說的錯覺。但我確知的是，七一一／五六八這一路發生的故事，不斷撞擊並引領著大家「看見」過去沒有想到或是做得不夠的，更從中照見：人與熊之間、都會與山村居民之間、原住民與政府之間……，原來覆蓋著層層疊疊的不理解與成見，還有我們所認知黑與白之間，所存在不同程度的灰。祂像是天使，除了讓人看見橫亙於彼此之間的大山障礙，更用牠的生命告訴我們，唯有跨越層層大山之後的理解，並找到彼此的最大公約數，才有機會和解並且前進，從共生走向共好，而這，還有一段好長的路要走。

七一一／五六八沒能走完的返家路，不也是我們尚未完成的旅程？

568 被發現處如今已植被茂盛。（林業及自然保育署／授權使用）

致謝

謝謝每一塊拼片，完成五六八的人間圖像

這一路追索五六八軌跡，是一趟馬拉松式接力拼圖的歷程，而這一塊塊的拼片是來自許多人無私且熱誠的幫助。

作爲台灣黑熊的保育主管機關，林業及自然保育署以及第一線執行的各分署，是貫穿五六八故事的「事主」。謝謝台中分署分署長張弘毅、自然保育科科長洪幸攸、承辦人范家銑、鞍馬山工作站主任黃琳捷，以及協助拍攝的張維純（阿步）；林保署森林組副組長孫宗志、南投分署承辦人黃鈺婷；台東分署分署長吳昌祐、自然保育科科長林孟怡；花蓮

分署分署長黃群策，以及協助安排聯繫的署本部專委盧英秀、技士劉汝育。也謝謝曾日夜追逐五六八腳步的森林護管員葉飛及陳智剛，你們分享的追熊故事，讓人笑中帶淚。

其中最關鍵的靈魂人物是林保署署長林華慶，沒有他，五六八的故事恐怕只停留在那三聲槍響，成了一樁令人嘆息卻很快翻頁的動物保育新聞，無法衍生出其後不斷拉長且反轉的軸線，並轉換成推動黑熊保育的動力與養分。謝謝林署長在本書漫長的前置及採訪過程中的大力支持，並懇切、毫無保留地接受我的多次「拷問」。

五六八兩次救傷、照養，都送往農業部生物多樣性研究所烏石坑研究中心，謝謝研究中心主任陳元龍，以及計畫助理劉立雯，讓我得以重塑五六八兩回在人類世界接受照養的圖像。

謝謝負責五六八追蹤監測的野聲團隊姜博仁及郭彥仁（郭熊），你們的心路歷程充滿了啟發，並謝謝郭熊的序文。

謝謝紀錄片《一隻台灣黑熊之死：711/568的人間記事》導演顏妏

如，你的鏡頭是開啟本書書寫的鑰匙，你的拍攝理念及觀眾心得分享，增加了本書的廣度。

謝謝台中桃山部落族人張永星、陳政治、苗栗麻必浩部落族人吳國雄、林志英、南投武界部落法治村長葉阿良、族人蔡進興、達瑪巒部落會議前主席松光輝，以及被五六八多次「造訪」的苗栗達拉崗甜柿果園主人李科余，你們毫無保留的分享。

謝謝原住民法律扶助基金會花蓮本部主任林秉嶔、政大民族系系主任官大偉、監察委員浦忠成、法律學者張惠東，以及在二二八公園帳篷旁接受我採訪的布農族智者 Istanda Husungan Nabu（依斯坦達霍松安．那布），豐富了本書的原住民觀點。謝謝為我擔任山神與五六八傳譯者的原住民巫師，催化了本書的誕生。

謝謝加入狩獵自主管理計畫的花蓮吉拉米代部落主席 Kokoy（陳建廣）、台東崁頂傳統狩獵文化生態永續發展協會理事長 Biung（韋文德）、崁頂村長 Hundiv（邱志強）、野聲團隊台東蹲點夥伴田照軒所給予的回饋。此外，也謝謝協助通報受困黑熊的台東海端廣原部落族人王紀國、台東大埔部落主席胡佩菁、台東錦屏部落族人陳宏明分享感受。

謝謝信任我的三名武界原住民獵人田姓爺爺、馬姓叔叔及馬小弟。

謝謝東海大學生命科學系特聘教授林良恭、台師大生命科學系退休教授王穎提供專業意見。

本書出版過程一度遭遇風雨，特別感謝不僅一路鼓勵更爲我化解難關的中央大學中文系教授李瑞騰、聯經出版公司發行人林載爵，更誠摯感謝無償授權本文出版的公益信託星雲大師教育基金，並謝謝劉克襄老師慨然爲文推薦本書。

同時更要謝謝聯經出版公司編輯黃淑貞，在無數個與嫩嬰搏鬥的夜晚，總是在從哄睡戰場脫身後，繼而又投入新書戰場，與我展開嚴肅又認眞的討論，一點一滴澆灌本書成形。

最後要謝謝五六八，祢用祢的生命，照見了人與人、人與動物彼此間存在的「大山」，因爲唯有「看見」，才有機會跨越。

延伸關注

◆出版品

二〇一二年：《尋熊記：我與台灣黑熊的故事》，黃美秀，遠流出版。

二〇一七年：《黑熊的米亞桑》，黃漢青／著、劉俐穎／繪，內政部國家公園署玉山國家公園管理處解說課。

二〇一八年：《是誰躲在草叢裡》，鄭潔文，聯經出版公司。

二〇一九年：《小熊回家：南安小熊教我們的事》，黃美秀，時報出版。

二〇二〇年：《我的獵人爺爺：達駭黑熊》，乜寇．索克魯曼／著、儲嘉慧／繪，四也文化出版公司。

二〇二二年：《回家》，IVY、曾郁雯／著、劉奕希／繪，渠成文化。

——《守護黑熊：和諧共存的保育之路》，山崎晃司／著、台灣黑熊保育協會／譯，五南。
——《走進布農的山》，郭彥仁（郭熊），大家出版。
——《再見啦！小黑熊妹仔：台灣第一本黑熊照養野放原創繪本》，鄭博眞／著、謝愷宸／繪，五南
——《晚安，小熊》，鄭潔文，聯經出版公司。
二〇二三年：《台灣林業四十九卷二期（二〇二三年四月）：台灣黑熊救傷及保育》，農業部林業及自然保育署。

◆紀錄片

二〇一六年：《黑熊森林》，李香秀／導演、監製。
二〇一九年：《黑熊來了》，麥覺明／導演，大麥影像傳播工作室製作。
二〇二一年：《Mulas Kulumaha！返抵山林——廣原幼熊照養野放紀實》，農業部林業及自然保育署台東分署。
二〇二三年：《一隻台灣黑熊之死：711/568的人間記事》，道綺全

球傳播有限公司製作，農業部林業及自然保育署監製。

◆黑熊知識與資訊

台灣黑熊保育協會：https://www.taiwanbear.org.tw/front/

玉山國家公園（黑熊專區）：https://www.ysnp.gov.tw/Folder/Bear

國際自然保育聯盟　熊專家小組（IUCN BSG）：https://globalbearconservation.org/index.php

農業部林業及自然保育署自然保育網：https://conservation.forest.gov.tw/0002227

眾聲

未完的旅程：一隻台灣黑熊的人間啟示錄

2024年9月初版 定價：新臺幣480元
2024年11月初版第三刷

著 者 蔡 惠 萍
叢書主編 黃 淑 真
校 對 馬 文 穎
整體設計 張 芷 瑄

出版者 聯經出版事業股份有限公司
地址 新北市汐止區大同路一段369號1樓
叢書編輯電話 (02)86925588轉5322
台北聯經書房 台北市新生南路三段94號
電話 (02)23620308
郵政劃撥帳戶第0100559-3號
郵撥電話 (02)23620308
印刷者 文聯彩色製版印刷有限公司
總經銷 聯合發行股份有限公司
發行所 新北市新店區寶橋路235巷6弄6號2樓
電話 (02)29178022

編務總監 陳 逸 華
總編輯 涂 豐 恩
總經理 陳 芝 宇
社長 羅 國 俊
發行人 林 載 爵

行政院新聞局出版事業登記證局版臺業字第0130號

本書如有缺頁，破損，倒裝請寄回台北聯經書房更換。 ISBN 978-957-08-7472-3 (平裝)
聯經網址：www.linkingbooks.com.tw
電子信箱：linking@udngroup.com

本書由公益信託星雲大師教育基金授權

國家圖書館出版品預行編目資料

未完的旅程：一隻台灣黑熊的人間啟示錄/蔡惠萍著．初版．
新北市．聯經．2024年9月．232面．14.8×21公分（眾聲）
ISBN 978-957-08-7472-3（平裝）
[2024年11月初版第三刷]

1.CST：野生動物保育 2.CST：動物生態學 3.CST：報導文學

383.5 113012180